Het experiment

Van Joost Heyink verscheen eveneens bij uitgeverij Anthos

Proefverlof

Joost Heyink

Het experiment

Anthos|Amsterdam

Voor John

Eerste druk januari 2010
Derde druk mei 2010

ISBN 978 90 414 1617 9
© 2010 Joost Heyink
Omslagontwerp Roald Triebels, Amsterdam
Omslagillustratie © Nigel Swift/Millenium/[image]store
Foto auteur © Merlijn Doomernik

Verspreiding voor België:
Veen Bosch & Keuning uitgevers n.v., Wommelgem

Proloog

'Laat gaan! Laat los! En zeg het!'
 Ze merkte dat haar linkerknie begon te trillen en was bang dat die het zou begeven.
 'Laat gaan! Loslaten! Zeg het!' Henri's schreeuwende mond was haar oor tot op twintig centimeter genaderd. 'Je verzet je nog steeds!'
 Maar er was niets meer in haar dat zich verzette. Ze was kapot. De paar spieren die haar nog overeind hielden, verloren terrein. In haar hoofd resoneerden de geschreeuwde mantra's, maar ze hadden geen enkele betekenis meer. Het was een hels bombardement van lawaai dat kraters maakte in haar hersens.
 'Laat gaan! Zeg het! Dan ben je klaar! Zeg het! Zeg het!'
 Ze voelde dat haar benen het begaven op het moment dat de wolk door haar hersens trok. Ze wist dat ze viel, en het was goed. Vallen was het heerlijkste wat haar kon overkomen. Ze viel en viel, minutenlang.
 Het neerkomen maakte ze niet mee.

Klaus keek naar de monitor en zag het gebeuren.
 Er zat maar één ding op. Hij moest zijn verantwoordelijkheid nemen.
 Henri overtrad de regels.
 Klaus had geen keus, het handboek was duidelijk.
 Streng en rechtvaardig.
 De hoogste sanctie.

I

Ik voel me veel jonger dan tweeëndertig, dus ik mag best fluiten naar een mooie donkere bouwvakker van twintig, bedacht Hella. Hij keek op en lachte een paar bruine stompjes bloot.

Voorovergebogen trapte ze tegen een frisse meiwind in, waardoor er via haar hals een koele luchtstroom haar T-shirt binnenblies. Ze vroeg zich af of ze dat prettig vond. Ze besloot dat het wel iets had. Ondertussen bleef ze fluiten, nu de Marseillaise. Of de Brabançonne, die haalde ze altijd door elkaar.

Ver was het niet, naar haar appartementje. Een kwartier, als ze alle stoplichten tegen had. Hella ging even rechtop zitten, haar rugzak met de nieuwe reisgidsen bonkte op haar ruggengraat. Ik krijg een beurse wervel van de Rome Special, merkte ze.

Het was een mooie zaterdag geweest. Haar nieuwe bureau was gearriveerd, een trendy Italiaans driehoekig grijs geval van glas en aluminium, en de begeleidende fauteuil zag er weliswaar uit als een kruising tussen een elektrische stoel en een wc, maar hij zat heerlijk.

Druk was het geweest en dat vond ze prettig. De zaterdagen waren altijd druk, zeker in mei. Vandaag had ze minstens vijftien mensen naar een andere wereld geholpen. Vooral het oudere echtpaar dat naar Cambodja wilde, had nogal wat van haar creativiteit gevergd. Mevrouw wilde weten of er ter plekke ook kappers waren die verstand hadden van watergolven, en haar echtgenoot vroeg zich af of de ANWB-alarmcentrale ook in Cambodja bereikbaar was.

'Want je weet maar nooit.' Ze waren glimlachend met hun reservering de deur uit gewandeld.

Minder exotische bestemmingen waren soms net zo leuk om te regelen. Meneer Vonk en mevrouw Barend, beiden tegen de tachtig, had ze een weekend ondergebracht in Hotel Berkel Palace in Borculo, ook voor uw zakenarrangementen met beamer.

Hella had het naar haar zin bij reisbureau De Zwaan. In de vijf jaar dat ze er werkte, was ze zelfverzekerder en opgewekter geworden, vond ze. Misschien kwam dat ook wel doordat ze oude ellende had verwerkt of simpelweg omdat ze eindelijk volwassen dreigde te worden. Het maakte niet uit, het ging goed met haar. En dan lijkt een driehoekig bureau mooi, zelfs als het een inefficiënt, aanstellerig onding is.

Hella huiverde even en parkeerde haar fiets in de stalling onder het appartementsgebouw. De ruimte deed denken aan een kleine parkeergarage: grijs beton, gemeen wit licht en harde schaduwen; onbedoelde verwijzingen naar films over drugsafrekeningen en armzalige seks. De lift was niet ver en eenmaal op weg naar de vierde verdieping was het weekendgevoel terug. Hella floot de Marseillaise. Of de Brabançonne.

Ze had er zin in.

Op de bank met de nieuwe gidsen. Natuurlijk, dat was haar werk. Ze moest ze bestuderen, het was feitelijk overwerk. Om die smoes moest ze glimlachen. Want ze was natuurlijk ook klant van haar eigen bureau. Een van de aardige kanten van haar werk was dat ze een mooie korting kreeg op de reizen die ze bij zichzelf boekte, en reizen was haar passie. Drie jaar was ze reisleidster geweest, wat de doorslag had gegeven bij haar sollicitatie. Rome kende ze even goed als een lokale taxichauffeur, had een lokale taxichauffeur met donkere ogen haar ooit verzekerd. Het was niet waar, maar het kwam in de buurt. Ze voelde zich thuis in Rome. Op haar vierentwintigste had ze overwogen er te blijven vanwege een Romein die deugde. Alles, bijna alles, klopte, zijn haar, zijn ogen, zijn handen die precies pasten en deden wat ze moesten doen, en zijn stem die van korte Italiaanse zinnen peilloos mooie poëzie maakte. Maar toen hij zelfs na veel geduld en begrip structureel onmachtig bleek, had Hella begrepen dat ze verder moest. Niettemin was Rome haar favoriete bestemming gebleven.

Vanavond Napolitaanse gehaktballetjes in oregano/knoflooksaus, met rijst. Zou een uur kosten, maar het was de moeite waard. Vaak kon ze dat niet eten, omdat Berry er niet van hield. En als je een relatie hebt, zet je niet iets op tafel... enfin. Berry had meer affiniteit met gevulde paprika's met bospaddo's, om maar iets te noemen. 'Voor Napolitaanse gehaktballetjes vind ik ze echt lekker,' had Berry een tijdje geleden gezegd. De schat. Echt Berry.

Een slaapkamer, badkamer met bad, woonkamer in L-vorm met open keuken, zodat je de gasten net niet kon zien als je kookte, ruim balkon en grote ramen. Zachte vloerbedekking, rommel, zachte bank, opa Wim-met-snor aan de muur naast een kleurige Herman Brood-imitatie van vriend Jacques; Hella was er gelukkig mee, dit was thuis.

Ze deed de gordijnen dicht. Vitrage had ze niet en vooral met het licht aan had ze nogal wat inkijk van de overkant. Ooit had ze een korte erotische relatie met de overbuurman. Louter visueel en op afstand. Hij was plots verdwenen.

De Napolitaanse balletjes vielen tegen. Te droog. Hella veegde haar mond af met haar mouw en besefte licht teleurgesteld dat ze het gerecht minimaal een jaar zou mijden.

Ze pakte de Rome Special en nestelde zich op de bank, een fles witte wijn binnen handbereik. Na twee glazen was ze verzeild in de Rome-badplaats Ostia en kort nadat haar ogen dichtvielen, wandelde ze over de boulevard.

Hella schrok wakker van voordeurgeluiden, hoorde gerommel in de gang en ten slotte de stem van Berry.

Berry.

Lieve Berry.

'Je bent niet verliefd op me,' had hij twee jaar geleden gezegd, toen ze voor het eerst in bed verzeilden.

Dat klopte. Berry was zesendertig en geen man voor wie je als een blok viel. Natuurlijk, hij had een open, vriendelijk gezicht en interessante melancholieke ogen. Maar ook zijn beginnende buikje viel op, zijn dunne lippen en zijn kalende kruin. En natuurlijk dat hij nogal klein was. Maar wat haar nog veel meer opviel, waren zijn sensitiviteit, zorgzaamheid en charme. Niemand die ze kende was zo lief, zo zachtmoedig. En kwaad wilde of kon hij niet worden. Een enkele keer riep Hella: 'Kom op, softie!' Ze zag het als een koosnaam. Zelf was ze nogal rationeel ingesteld, soms wat egocentrisch en ongeduldig. Ze bewonderde Berry vanwege eigenschappen die ze bij zichzelf miste. Hella was niet als een blok, maar uiteindelijk als een zwevend veertje voor hem gevallen.

Heftig was het allemaal niet en daar was ze blij om. Spektakel genoeg in het verleden. Meer dan genoeg.

En dan de seks. Ook zachtmoedig en zorgzaam, lief, erg prettig. Maar soms, een enkele keer, was Berry zichzelf niet. Of juist wel. Andere ogen, andere handen. Een enkele keer deed hij haar pijn. Niet veel pijn, draaglijk, heel draaglijk, prettige pijn.

Hella keek op haar horloge. Halfelf.

'Dag lieverd, fijne avond gehad?' Berry legde zijn handen op Hella's wangen en gaf haar twee kusjes.

Ze rekte zich uit en ging rechtop zitten. 'Hm.'

'Ik pak er even een glas bij.' Berry liep naar de keuken en keek om. 'Wat heb je allemaal gedaan?'

'Niks,' kreunde Hella. 'Ik viel in slaap.'

Berry ging zitten en keek haar glimlachend aan. 'Je hebt vast een drukke dag gehad. Proost. Wil je horen hoe het mij vanavond is vergaan?'

Eigenlijk wilde ze dat niet. Berry had vanavond een workshop gehad, de tweede al deze week. En workshops konden best boeiend zijn, maar in deze was Hella absoluut niet geïnteresseerd. Ze had een aversie tegen groeicursussen, leermomenten en ego-seminars. Wat Berry met zijn vrije tijd deed, moest hij zelf weten, maar ze had liever niet dat hij haar ermee lastigviel.

'Hoe was het?' Vooruit, ze wilde niet lullig doen.

Berry begon te stralen. 'Wil je het echt weten? Het was geweldig. Nou ja, geweldig, vooral pittig, eigenlijk. "Jullie komen hier niet voor je lol," zeggen ze altijd, "je bent hier om te investeren. De lol komt dan vanzelf."'

Hella nam een slok. Ze had de neiging iets onvriendelijks te zeggen, maar hield zich in. 'Ik heb liever nu lol.'

Berry lachte. 'Grappig, dat zei ik eerst ook. Maar weet je, je kunt veel meer lol hebben als je klaar bent met jezelf.'

'Klaar met jezelf. Ik ben even de weg kwijt.'

'Sorry, lieverd, als je zo intensief aan het werk bent, ga je die termen uit het cursusboek overnemen. Een soort jargon. Voor buitenstaanders een beetje geheimtaal. Sorry.'

'En ben je al bijna klaar met jezelf?' Hella kon zich niet beheersen.

'Ik weet het, het klinkt nogal zwaar, maar dat is het helemaal niet. Je moet het zien als een puzzel. Je zoekt naar je meest persoonlijke kenmerken, benoemt ze en brengt ze in balans. Dat is eigenlijk alles.'

Hella stond op. 'Ik trek er nog een open, ik ben klaarwakker.'

'De meeste mensen vinden hun balans nooit. Daarom bereiken ze niet wat ze zouden kunnen bereiken.'

'Misschien zijn ze tevreden met hoe het gaat.'

Berry glimlachte. 'Dat is precies wat ik eerst ook dacht.'

'Maar nu dus niet meer.'

'Lieverd, moet je luisteren. Mensen zijn soms tevreden, dat klopt. Maar stel dat je ontdekt dat je veel meer kunt dan je dacht, dat er nog veel meer in het vat zit, zou je dan nog tevreden zijn met dat vorige leventje? Natuurlijk niet! Vergelijk het met drugs. Het kan best zijn dat je je lekker voelt als je onder de dope zit. Maar niemand zal zeggen dat je vooral in die roes moet blijven hangen. Dan doe je jezelf te kort. Snap je het een beetje? Het is zo logisch als wat.'

Hella voelde een sterke behoefte om in haar eentje op de bank de Rome Special te lezen. Ze had geen goed antwoord op de redenering van Berry en dat irriteerde haar. 'En dat heb je allemaal van die cursus?'

Berry schudde zijn hoofd en keek haar aan. 'Workshop. Maar goed, dat is juist het aardige. Ze vertellen absoluut niet wat je moet doen. Je ontdekt het zelf. Hun methode is hooguit een katalysator, de steun bij je zoektocht. Je doet het helemaal zelf. Anders zou ik afhaken, ik hou niet van die zweefverhalen.'

Ik ook niet, dacht Hella. En ik ben tevreden met mijn leven en ik ben volgens mij niet aan de dope. Hooguit aan de witte wijn. Waarom zit ik niet te wachten op meer mogelijkheden? Ben ik een dief van mezelf? Ik word hier opstandig van, ik wil dit niet, iedere keer als hij langskomt na een sessie word ik moe van dat gepraat en vooral van mezelf omdat ik geen weerwoord heb. Wel een weergevoel, maar daar heb ik dan weer geen woorden voor.

'Hella?'
'Hm.'
'Is het een beetje duidelijk?'
'Hm.'
'Of zal ik erover ophouden? Je hebt niet zoveel zin om te praten, merk ik. Sorry, ik zit er nogal vol van. Maar nou stop ik. Nog een laatste?'

Ze knikte.

Berry schonk in. 'Lieve Hella, waar heb je zin in?'

Ze keek hem aan. 'Neuken.'

'Je bent mooi,' zei Berry. Hij ging met zijn hand door Hella's donkerblonde haar. 'Ik hou van je ogen. Ik hou van blauw. En je bent lekker.'

'Lekker dik.'

'Nee, lekker mager.'

'Dat ben ik niet.'

'Gelukkig niet. Je klopt precies.'

De vloerbedekking was zacht, maar de wervel die al beurs was van de Rome Special werd opnieuw geteisterd. Totdat het Hella te veel werd en ze de rollen omdraaide.

Totdat het Berry te veel werd en hij de rollen omdraaide.

Totdat Hella.

Berry.

Beest Berry.

2

De kamer was ruim, en schaars gemeubileerd. De muren waren witgeschilderd en de vloer was van bruingebeitst hout. Er was een raam dat uitzicht bood op een verhard terrein. Er liepen buiten mensen rond, hier en daar in groepjes, die allen hetzelfde waren gekleed. Zowel de mannen als de vrouwen droegen ruimvallende witte broeken en jasjes van dezelfde stof. Allemaal hadden ze een kleurig embleem op de rechterborst. Er werd druk gegesticuleerd en gepraat. Sommigen lachten, anderen keken ernstig. Een enkeling hield zich afzijdig en staarde naar de grond. Aan de overkant van het terrein stond een grote schuur met rieten dak. Het gebouw was ingrijpend verbouwd, getuige de vele ramen die op de beide verdiepingen waren aangebracht.

Naast de deur in de witte kamer hing een afbeelding in de kleuren van het kledingembleem. De vorm deed denken aan een schild, de linkerhelft groen, rechts zwart. Over de volle breedte stonden, in gekalligrafeerde witte letters, de woorden CONSEQUENT EN RECHTVAARDIG.

Twee van de drie aanwezige mannen zaten op een bank aan een lage tafel in de hoek van de kamer. De derde stond bij het raam en keek naar buiten. Hij was tamelijk lang en mager en had wit haar dat zijn oren bedekte. Opvallend was zijn gestreepte overhemd, dat over zijn witte linnen broek viel. De banen hadden de kleuren van het embleem en het schild aan de muur.

'Zeg het maar, Henri. Wat is de aanwas deze maand?' De lange man draaide zich om. 'Je hebt drie weken de tijd gehad.' Hij sprak zacht en zijn toon was vriendelijk. Hij glimlachte, maar zijn ogen deden niet mee.

'Het is veelbelovend, Kahn.' Henri stond op. Een gedrongen man met donkere krullen. Vijfentwintig, hooguit, gaven de meeste mensen hem, maar hij was vierendertig. 'Het ziet er echt goed uit.'

De lange man schudde zijn hoofd. 'Dat is geen antwoord, Henri. Het ziet er goed uit? Misschien? Wie weet? Leg het niet buiten jezelf, Henri, jij bent de baas. Je vertelt onze cursisten dat ze niet moeten volgen, maar leiden. Je bent geen slachtoffer, maar bepaalt zelf je succes. Kom op, cijfers wil ik. Hoeveel neonovieten komen er naar de kennismakingsweekenden? Hoeveel stromen er door? Waar blijven de novieten? De senioren? De halve mensa is verdomme leeg! Ik hoef je niet uit te leggen dat groei noodzakelijk is om het voortbestaan van onze organisatie te waarborgen. Het moederbedrijf in de States stopt met zijn steun als we de doelstellingen niet halen. Dat kunnen we niet hebben. We hebben een boodschap en een opdracht.'

Henri knikte. Hij was de verantwoordelijke man voor de instroom van nieuwe cursisten. Bovendien doceerde hij de basisvaardigheden en was hij mentor van de neonovieten. Vanwege zijn sociale vaardigheid was hij snel opgeklommen in de hiërarchie binnen de organisatie.

'Als ik daar even op mag inhaken,' zei de man die nog op de bank zat. 'De voorzieningen in Barak 2 moeten nodig worden aangepast. Er is geen warm water.'

Kahn keek de man niet aan. 'Volgens mij een later agendapunt, Klaus. We hebben het nu over iets anders. Henri?'

'Even kijken.' Hij pakte zijn tas en haalde er een paar papieren uit. 'Zevenentachtig aanmeldingen voor de kennismaking, dertien doorstromers naar de tweede fase, nog steeds dertig interne cursisten en dan hebben we nog de verschillende workshops en trainingen.'

'Hoe staat het daarmee?'

'Die heb ik hier. Workshop Ontwarren gaat prima, veertig aanmeldingen. Workshop Jij en Ik gaat ook goed. Eenendertig. Alleen de Balanstraining moet nog op gang komen. Maar ik ben ermee bezig, vooral bij de kennismakingen. Ik confronteer hen met hun onbalans, zoals in het handboek staat.'

De lange man knikte. 'In orde, Henri. Het handboek, daar gaat het om. De Boodschap. Die geldt voor iedereen. Herhaal hem.'

'Breek en Bouw.'

'Zo is het. Breek en Bouw. Zonder breken geen bouwen. Er is geen groei op vervuilde grond. Spitten, dan pas zaaien. Er is zoveel werk te doen, mannen.' Kahn liep naar een hoek van de kamer waar een tafeltje stond met drie flessen. Hij koos de whisky en schonk voor zichzelf een glas in. 'Henri, in het eerste weekend moet het hun duidelijk worden dat er geen weg terug is. Dat stoppen verlies betekent. Dat de chaos wordt onderkend. De zwakheden. Daar moeten we aanvallen. Dat is onze missie.'

'Ik weet het, Kahn.'

'Zonder dwang, louter met overreding, dat zijn de regels. Emotionele of rationele overreding, zoals vrienden die onder elkaar toepassen. Wij zijn hun vrienden, vergeet dat nooit.'

'Ik ken het handboek, Kahn.' Henri ging weer zitten.

Dat leek Klaus een goed moment om op te staan. Twee meter atleet, drieënveertig, grijzend kort borstelhaar. 'Over bouwen gesproken, ik wilde het toch nog even over de accommodatie van Barak 2 hebben. Er is...'

'Hebben we het later over, Klaus. Hou nou even je mond over triviale kwesties.' Kahn liep opnieuw naar het raam en keek naar de internen in hun witte tenues.

Klaus was woedend. Hij werd weggezet als een noviet. Niet zo lang geleden was hij onbetwist de tweede man binnen de organisatie. Vanaf het begin had hij zich ingezet voor de Boodschap, uit volle overtuiging en met al zijn energie. De wereld kon op honderd manieren worden verbeterd, maar dit was zonder twijfel de beste en kortste weg naar een betere samenleving. Dit verhaal, deze methode moest worden verteld en toegepast. De korte training in Amerika had hem de ogen geopend. Van een narrige man die klaagde over zijn mislukte huwelijk was hij veranderd in een energieke vent die zijn lot in eigen hand nam. En hij zag zoveel mensen om zich heen die dachten dat de ellende hun allemaal overkwam en die niet beseften dat ze hun leven zelf konden bepalen. Klaus wist wat zijn opdracht was. Hij kon niet anders dan zijn hart volgen voor een betere wereld.

En nu kreeg hij een rol als veredelde timmerman.

Henri, in het begin een warme vriend, was natuurlijk een talent. Klaus kon er niet omheen dat Henri makkelijker contact maakte met neonovieten en novieten. Hijzelf was nogal onhandig, het ging hem van nature niet eenvoudig af; charme had hij nauwelijks, wist hij, en die ontwikkel je niet. Maar het motto 'consequent en rechtvaardig' was hier beslist niet van toepassing. Binnen een paar jaar doorstromen van een jonge blaaskaak naar nummer twee was voor Klaus onbegrijpelijk. De richtlijnen voorzagen in de mogelijkheid van versnelde promotie, maar de zorgvuldigheid mocht nooit uit het oog worden verloren. En daar was het volgens Klaus misgegaan.

Henri was inmiddels zelfs master, een rang die maar spaarzaam werd verleend. Naast Kahn was hijzelf tot voor kort de enige geweest met die titel in Nederland.

Klaus was ervan overtuigd dat zijn ongenoegen niet werd ingegeven door jaloezie, maar door een gegrond wantrouwen. Henri hield zich soms niet aan de draaiboeken, door eigenhandig regels aan te scherpen of nieuwe regels toe te voegen. Klaus vond dat een doodzonde, het handboek was hem heilig, daar kon niet mee gesjoemeld worden. Hij moest toegeven dat Henri opvallende successen boekte bij de werving voor de vervolgtrajecten, maar die mochten vanzelfsprekend niet ten koste gaan van de integriteit van de organisatie.

Klaus had zijn bevindingen gedeeld met Kahn, maar die was niet onder de indruk. 'Henri is nog jong en op de goede weg. Als hij eens een steekje laat vallen, is dat omdat ook hij in een leerproces zit. Net als jij en ik, trouwens. Iedereen maakt deel uit van dat proces, ieder op zijn eigen niveau, Klaus.' Meer wilde Kahn er niet over zeggen.

Als Hoofd Beveiliging en Protocol had Klaus zich voorgenomen Henri in de gaten te houden. Hij kon niet toestaan dat iemand zich boven de organisatie stelde.

'Klaus, ik wil het nog even hebben over de dissidenten.' Kahn was tegenover hem komen zitten. 'Heb je enig zicht op hun aantal en invloed?'

Klaus haalde zijn schouders op. 'Afvallers zijn er altijd. Het handboek is er duidelijk over. Kandidaten komen in vrijheid en mogen de organisatie in vrijheid verlaten. Er zijn nu eenmaal individuen die niet in staat zijn de Boodschap te doorgronden. En ook de koppigen en hardnekkigen hebben recht op hun opvattingen. Ik wil wel kwijt dat ik dit een moeilijke regel vind.'

'Ik heb het niet over de normale afvallers, Klaus. We respecteren hun keuze. Het gaat me om de dissidenten, de uittreders die de media opzoeken, de afvallers die ons in diskrediet proberen te brengen. De rancuneuze afvallers die gefaald hebben en hun haat richten op de organisatie. Negatieve publiciteit is uiterst schadelijk en een directe rem op onze groei, dat hoef ik je vast niet te vertellen.'

'Op dit moment zijn het er drie, Kahn. Twee van hen hebben we gelokaliseerd, naar de derde zijn we nog op zoek. Een blogger met een schuilnaam die tendentieuze onzin over de organisatie schrijft. Hij of zij lijkt me verreweg de gevaarlijkste.'

'Goed werk. Onvergeeflijk gedrag, wat je beschrijft. Ondankbaar ook, na alles wat de organisatie voor hen heeft gedaan.'

'Zo denk ik er ook over, Kahn.'

'Je mensen zijn ermee bezig?'

'Ja. Ik heb twee man op de zaak gezet. Binnenkort brengen ze rapport uit over de activiteiten van de dissidenten. Verder zijn ze bezig de blogger te lokaliseren.'

'Mm.' Kahn staarde in zijn glas en nam een slok. 'We zullen binnenkort onze strategie bepalen, Klaus. Het belang van de organisatie staat boven dat van het individu.'

3

Hella lag languit op de bank en had de lage tafel naar zich toe getrokken. Binnen handbereik stonden een pot thee, haar mok, een stapeltje reisgidsen en een schaal met wat wit uitgeslagen maar goed smakende chocoladescherven; de laatste resten van een kilo gekneusde paaseieren, voor een euro aangeschaft een dag of wat na de feestdagen.

Ze genoot.

Goed uitgeslapen vanochtend, een gevoelige wervel die ze associeerde met opwindende ervaringen, op de radio een rustgevend praatprogramma waar ze niet naar luisterde. Ze schonk thee in en graaide in de bak chocola. Het was elf uur en ze hoefde niets.

Ze keek naar buiten. De zon scheen. Over een halfuur zou die om de hoek loeren en binnen een kwartier het balkon verwarmen. Vanmiddag zou ze de zon haar benen laten zien. En haar buik, en misschien meer.

Hella was vandaag alleen en dat vond ze heerlijk. Een dagje niet praten, hooguit tegen zichzelf. Ze praatte de hele week al, dat was haar werk, en zondag was haar zwijgdag.

Berry moest voetballen. Hij zou na de wedstrijd ongetwijfeld blijven hangen met zijn maten en met hen wat kratjes bier wegzetten, om daarna rozig langs de Chinees te fietsen en aan zijn keukentafel een paar loempia's naar binnen te proppen. Rond halfacht zou hij onder *Studio Sport* in slaap vallen. Dat was zijn zondagprogramma tijdens het voetbalseizoen. Hella was weleens mee geweest, had zijn team kleumend aangemoedigd en zich vervolgens goed geweerd door vijf pijpjes bier te drinken en te blijven lachen om de steeds pikantere grappen van Berry's teamgenoten. In de laatste fase van de mannengezelligheid, toen non-verbale communicatie de boventoon ging voeren, haakte ze af. Ze merkte dat sommige mannen, terwijl ze haar aankeken, de neiging hadden te suggereren dat ze twee grapefruits of aanverwante in hun handen hielden. De vette knipoog van de keeper deed de rest. Ze had Berry gekust en hem nog veel plezier gewenst.

Berry met zijn borsalino. Hobby's: schaken en nagelbijten.

Berry woonde aan de andere kant van de stad in een historisch pand aan een gracht. Een kapitaal huis dat hij natuurlijk niet alleen van zijn inkomen kon bekostigen. Zijn salaris was niet slecht, rayonmanagers van grote reisorganisaties verdienden uitstekend. Maar hij had het geluk dat zijn vader een pepermunt- en dropfabriek bestierde, oorspronkelijk een familiebedrijf dat een paar jaar geleden met een glimlach en voor een fortuin aan een Zwitsers concern was verkocht. Die knul is mijn lievelingszoon, zei de directeur altijd. Berry was enig kind.

Hella en Berry hadden een klassieke latrelatie.

Soms bleef Berry bij haar hangen, soms was het andersom. Maar zelden meer dan een paar dagen. Beiden hadden de drang om uiteindelijk weer het eigen hol op te zoeken, even genoeg van alle intimiteit, om de dagen erop weer een sluimerend verlangen te voelen groeien, doorgaans doorspekt met gaandeweg agressiever wordende seksuele oprispingen. Het kwam en ging als een aangename golfbeweging waar nooit over gesproken hoefde te worden. Beiden waren ook huiverig de ander te overvoeren met hun aanwezigheid, in de wetenschap dat een te hevig salvo van liefde slachtoffers kan maken. Zowel Hella als Berry had het eerder aan den lijve ondervonden. Het was wel zo aangenaam om de verhouding een natuurlijke groei te laten doormaken, voorzichtig en zorgvuldig. Beetje water op zijn tijd, geen viagra. En vooral geen haast.

Vriendin Marja kaartte de situatie weleens aan. En later dan?

Gaan jullie ooit... Maken jullie dan geen plannen? Een eenvoudig antwoord had ze er niet op. Als je een verlangen benoemt, in plannen omzet en die uitspreekt, krijgen ze al snel iets onherroepelijks en dwingends. Er was wel verlangen, maar ze koos ervoor het niet te storen in zijn ontwikkeling.

Bij de koffie vanochtend had Berry nog steeds vol gezeten van zijn ervaringen van gisteravond. Hij was nogal euforisch, vond ze. Dat irriteerde haar een beetje, maar ze wist zich te gedragen.

Eén keer liet ze zich verleiden.

'Het is een beetje een familiegevoel,' had hij gezegd.

'Getver.' Het flapte eruit, het had niet mogen gebeuren.

Maar Berry werd nooit boos. Hij straalde toen hij haar aankeek. 'Ik snap je, en ik kan het moeilijk uitleggen. Maar je bent met een heleboel mensen bij elkaar en samen heel hard aan het werk. Je ziet dat het verhaal klopt en dan word je soms emotioneel. Je merkt het ook aan je buurman, die hetzelfde heeft. Een hand op je schouder, een knikje, het voelt gewoon goed. Het deugt. Ik heb nog nooit zoiets beleefd. Je wordt sterker, vooral omdat je het samen doet. Kun je het een beetje begrijpen, of denk je: wat een gezwets? Je kunt het je moeilijk voorstellen als je het niet meegemaakt hebt.'

'Het lijkt wel een sekte,' zei Hella.

Even viel er een stilte.

Berry keek haar aan, nu ernstig. 'Als dat zo was, dan zou ik er onmiddellijk mee stoppen. Ik zei al dat ik niet van zweverigheid hou. Het klopt ook niet wat je zegt. Iedereen is vrij om te komen en te gaan en dat is bij sektes wel anders. Daar doen ze alles om je binnenboord te houden en je te vervreemden van de buitenwereld.'

'Hm.' Daar zat wel wat in, vond ze. 'Maar dat samengevoel of hoe noem je dat, je emoties delen met wildvreemde... eh...'

'Dat zijn al heel snel geen vreemden meer. Omdat je zo intensief bezig bent.'

'Maar dat je werkt, zoals jij het noemt, met zo'n theorie, zo'n verhaal met een boodschap, dat komt toch een beetje klef over. Met alle respect.'

Berry knikte. 'Ik begrijp wat je bedoelt. Ik hoor mezelf praten en zou je bijna gelijk geven. Maar met elkaar iets delen, een gedachtegoed of een perspectief van optimisme, hoeft nog niet klef te zijn. Laat staan sektarisch. Waarom zou je dat dan zo noemen?'

Hella haalde haar schouders op. 'Misschien omdat jullie je er zo verschrikkelijk overtuigd en enthousiast in onderdompelen.'

'Wat is daar mis mee?' Berry glimlachte weer. 'Als je een training of workshop doet, kun je maar beter goed gemotiveerd zijn, of niet?'

Ze wist het even niet meer. Het leek of haar kritiek veel moeizamer te formuleren was dan het weerwoord van Berry. 'Maar dat jullie, wat je laatst vertelde, met de hele groep zo'n mantra of boodschap of weet ik veel gaan scanderen, daar krijg ik toch een beetje… jeuk van.'

'Lieverd, samen zingen of iets samen roepen, dat doen we allemaal weleens. In het voetbalstadion. Op verjaardagen. In de Tweede Kamer op Prinsjesdag. "Leve de koningin!" En wat dacht je van zangkoren? We doen het omdat het goed of gezellig klinkt en het schept een band. *"We want more!"* met zijn duizenden, dat is toch mooi?'

'Dit is anders,' zei Hella. 'Dit gaat over een overtuiging, een opvatting over hoe het leven in elkaar steekt.'

'Als je dat sektarisch vindt, dan moet je ook erkennen dat de halve straat hier lid is van een sekte. Alle oprechte katholieken en protestanten prevelen in de kerk massaal en in koor teksten met een diepzinnige boodschap, om vervolgens met een goed gevoel naar huis te gaan. Niemand vindt dat vreemd of gevaarlijk. Vergeleken met zo'n kerkdienst zijn onze sessies buitengewoon zakelijk. Het gaat om een rationeel en redelijk verhaal dat aanspreekt, inspireert en met een simpele strategie een hoop mensen vooruit helpt. Geen god, geen halleluja, alleen inzicht en inzet. Breek en bouw.'

'Wat?'

'Breek en bouw. Dat geeft de essentie weer.' Berry stak zijn handen omhoog en keek haar lachend aan. 'Er is niks ingewikkelds aan.'

'Ik weet het niet,' zei Hella. 'Het zal wel aan mij liggen. Misschien ben ik er gewoon niet geschikt voor.'

Berry was opgestaan en had zijn trui gepakt. 'Ik moet ervandoor, ze verwachten dat ik er straks een paar in schiet. We hebben het er nog wel over.' Hij gaf Hella een kus en liep naar de deur.

'Succes,' zei ze. Ze wilde het er best nog eens over hebben, over een jaar of tien.

'Dank je. Ik bel je morgen.'

Bij de deur had Berry zich omgedraaid. 'Alleen dit nog. In onze groep zit iemand die meedoet omdat zijn vrouw dat graag wilde. Bij de opening, zo heet dat, vertelde hij dat hij niet geschikt was voor de workshop. Hij had dezelfde twijfels als jij. Werd allemaal geaccepteerd. Hij is nu een van de fanatiekste deelnemers. De thuissituatie op orde en promotie gemaakt op zijn werk. Kun je nagaan. Geniet van je zondag.'

Het had Hella een halfuur gekost om het gesprek uit haar frontaalkwab te verwijderen. Wat redelijk klinkt, hoeft nog niet waar te zijn. En al is het waar, dan geldt dat misschien niet voor iedereen. En al is het voor iedereen waar, dan kan het nog zo zijn dat je er ongemakkelijk of geïrriteerd van wordt. En dat is wat Hella aanvankelijk voelde. Ze kon accepteren dat het waarschijnlijk voor iedereen goed is om meer inzicht in zichzelf te krijgen en meer uit het leven te halen. Het klonk simpel. Geen speld tussen te krijgen.

Toch voelde ze irritatie.

Na een kwartier kreeg ze eindelijk door waar die vandaan kwam. Het was niet de theorie, het verhaal. Daar was misschien weinig mee mis en er waren vast een hoop mensen die er wat aan hadden.

Er was iets anders aan de hand, het had te maken met Berry's gedrag.

De blijmoedige boodschap, de rotsvaste overtuiging, het onaantastbare. Geen moment was hij aan het twijfelen gebracht door haar geplaatste kanttekeningen, integendeel, glimlachend had hij alles met rationeel beton weerlegd en hij besefte dat.

Berry leek betrokken bij een missie, een missie die hem goed deed en vrolijk maakte, maar het bleef een missie die haar moest verleiden, inpalmen en ten slotte omarmen.

Ze wilde geen preek in haar huis. Daar kwam de ergernis vandaan.

Toen ze het doorhad, zakte de irritatie, die uiteindelijk werd overvleugeld door het vooruitzicht van haar vrije zondag, de thee, de chocola, de Rome Special.

Het hele gedoe zei niets over morgen of volgend jaar. Berry was tenslotte buigzaam, veranderlijk en altijd snel enthousiast over nieuwe projecten, die even later weer als achterhaald werden afgedaan.

Misschien was het verstandig elkaar even met rust te laten. Als hij morgen belde zou ze het met hem overleggen.

Het was haar vaker overkomen. En altijd begon het eerder dan verwacht zo fanatiek te rommelen in haar onderbuik, dat ze hem belde. Ze wist het en kon er tegen elf uur om glimlachen.

Het werd een heerlijke zondag.

Pas toen ze 's avonds in bed lag, kwam het gesprek met Berry terug. Bijna in slaap, zag ze zijn lieve glimlachende gezicht en hoorde ze zijn zachte stem.

Onwillekeurig ging haar hand naar haar buik, maar daar bleef het bij. Een paar woorden kwamen binnen en herhaalden zich, steeds luider, tot ze zich omdraaide om ze niet meer te horen. Dat hielp even, maar niet lang. Hoe ze ook ging liggen, het dreunde door haar hoofd.

Op haar zij.
Breek en bouw!
Op haar buik.
Breek en bouw!

4

Het landgoed was maar vanaf één weg toegankelijk.

Een veredeld pad dat van ergens naar nergens leidde, een restant uit de tijd dat er nog turf moest worden vervoerd vanuit het veen naar een gebied waar mensen woonden. Het weggetje werd tegenwoordig gebruikt door een enkele verdwaalde toerist en een paar boeren die op de aanpalende akkers maïs verbouwden. Her en der werd de landbouwgrond onderbroken door percelen bos. Het terrein glooide licht. Modderige zandwegen, met diepe sporen van trekkerbanden, ontsloten de akkers.

Het was een leeg, ietwat desolaat oord, terwijl de afstand tot de stad hemelsbreed hooguit tien kilometer was. Het contrast kon nauwelijks groter zijn.

Volgde je de weg vanuit het westen, dan lag het landgoed aan je rechterhand. Een paar honderd meter voor de toegang kondigde het zich aan met een hek van een meter of drie hoog. Een onwetende passant zou denken dat het hier ging om een afscheiding van een militair oefenterrein of een inrichting voor probleemgevallen. Het landgoed zelf was vanaf de weg nauwelijks te zien. Een naaldbos belemmerde het zicht.

De toegang werd aan beide zijden gemarkeerd door een vlag met twee verticale banen. De linker was groen, de rechter zwart. Daardoorheen de tekst CONSEQUENT EN RECHTVAARDIG. Er was een wit houten hek, dat openstond. Ernaast een plaquette met in grote letters de vermelding dat dit hek nooit gesloten zou zijn.

Iets verderop stond een kleine blokhut die aan een portiersloge deed denken. Aan de buitenwand hing een rustieke lantaarn. De lamp brandde, ook overdag.

De hoge omheiningen aan weerszijden van de ingang waren verbonden met een bord dat er nog eens een meter bovenuit stak. Daarop stond de naam van de eigenaar van het landgoed. De letters waren wit: SYGMA.

De smalle asfaltweg kronkelde een paar honderd meter door het sparrenbos en kwam uit op een klein plein omringd door enkele gebouwen. Rechts het hoofdgebouw, een ruime jaren dertig villa met een aanbouw van twee verdiepingen, in dezelfde stijl als het oorspronkelijke huis. In dit pand bevonden zich de kantoren van Sygma, de woon- en slaapkamers van de hogere staf, een vergaderruimte, een zweetkamer met apparatuur, een ontspanningsruimte.

In de kelder bevond zich de controlekamer. Dit was het domein van Klaus. Tegen de wand waren een twintigtal LCD-schermen aangebracht, met permanente beelden die werden opgenomen door camera's, verspreid opgesteld op het landgoed. Klaus kon niet alleen het buitengebied in de gaten houden, maar ook verschillende vertrekken in de bijgebouwen.

Eigenhandig en op eigen initiatief had hij nog een extra voorziening aangelegd op basis van optische sensoren. Als die werden geactiveerd, werd dat met een geluidssignaal weergegeven. Kahn had het wat overdreven gevonden, maar hij had doorgezet. Klaus wist dat het hoofdkantoor van de organisatie in de Verenigde Staten op die manier werd beveiligd en er was dus geen enkele reden om van die aanpak af te wijken. Wat goed was voor The Palace, was goed voor Sygma Nederland.

Klaus zat niet vaak achter de schermen, hij had wel meer te doen als hoger staflid. Wel was hij altijd met een aparte telefoon bereikbaar voor de controlekamer. Zijn regelmatige afwezigheid betekende niet dat de beveiliging lacunes vertoonde. Zijn rechterhand, Sandy, een vrolijke jongeman met krulhaar die opvallend snel de eerste drie trajecten had doorlopen, bewaakte de boel. 's Nachts was er versterking door een vervanger.

Natuurlijk had ook Kahn zijn domein in de villa. Een comfortabel en luxueus appartement op de eerste verdieping. Vanaf het balkon kon hij het middenterrein overzien. Dat deed hij regelmatig, tevreden glimlachend, een glas whisky in zijn hand. Ook als het vroor of regende. Af en toe zwaaide hij naar interne novieten die over het plein wandelden. Vaak werd er teruggeknikt. Terugzwaaien kwam niet voor, novieten zwaaiden niet naar een master.

Tegenover de villa stond de verbouwde schuur. De begane grond werd ingenomen door werkruimtes, een eetzaal en een grote keuken. Op de eerste verdieping bevonden zich de slaapzalen van de interne cursisten, de novieten en de senioren. In de kamers voor de novieten stonden tien stapelbedden, de senioren deelden een vertrek met z'n vieren.

Er waren geen gescheiden mannen- en vrouwenruimtes. Dat gold zelfs voor de doucheruimtes. Een van de eerste stelregels van Sygma was dat de Boodschap geen onderscheid maakte tussen mannen en vrouwen. De Boodschap ontsteeg immers het individu. Het is begrijpelijk dat sommigen problemen hadden met de regel. Sygma toonde zich tolerant in dergelijke gevallen. Zo mogelijk werden er voorzieningen getroffen om de gêne van de enkeling die zich niet kon schikken te respecteren. Wel kreeg de betreffende noviet of senior een nevenprogramma waarin hij of zij werd bijgespijkerd. Het kwam maar zelden voor dat die extra aandacht niet volstond.

Zoals overal in een gelede samenleving, werd er ook hier gedold van boven naar beneden. Elke noviet kon rekenen op plagerijen van senioren. Er bestond zelfs een heuse initiatierite. Op de eerste interne dag werden de novieten geprest onmogelijke opdrachten te vervullen, op straffe van uitsluiting en verwijdering. Het spel werd zo serieus gespeeld dat de cursisten niet konden weten dat ze bedonderd werden. En dus werd telkens wanneer er een nieuwe groep was gearriveerd het binnenplein gepoetst met tandenborstels, het gras geknipt met nagelschaartjes en werden er rauwe eieren naar binnen geslurpt in de hoop als noviet te worden geaccepteerd.

Sygma zag het aan en vond het goed. Sterker nog, de staf had de beginnende traditie zelf in gang gezet. De strategie stond beschreven in een bijlage van het handboek: 'Maak de kandidaat bang dat hij dreigt af te vallen. Haal hem alsnog binnen en hij zal je trouwste aanhanger zijn.'

Het werkte.

En niet alleen bij de novieten.

Het schiep ook een band onder de senioren, de daders. Een gedeeld gevoel van macht, van controle, van invloed op je directe omgeving.

En dat was precies wat Sygma zijn pupillen wilde bijbrengen.

Het handboek was duidelijk: 'Niets overkomt je. Het is jouw hand die stuurt.'

5

Berry van Zanten was niet om halfacht bij *Studio Sport* in slaap gevallen.

Sterker nog, hij had helemaal niet gekeken. Om halfacht zat hij in het Chinees-Indische restaurant Peking in de Gelkingestraat, een prima tent van de Hollands-Indische gestampte pot.

Ze waren met z'n drieën.

Om elf uur hadden ze gespeeld en verdiend verloren, maar dat deed er niet toe. De nazit was buitengewoon gezellig en de saamhorigheid binnen het elftal nam met het groeien van de stapel bierkratjes toe tot een voor niet-ingewijden bijna klef niveau. Toen tegen vijven de meesten aanstalten maakten af te haken, begon het grote knuffelen met de rituele afscheidspraat.

'Ik vond je goed. Echt. En ik wil niet weg, maar ik heb Elly beloofd... nou ja. Hou je haaks, knul van me. Nou moet ik echt. Wat? Vooruit, de laatste dan. God, wat was je goed.'

Ook Berry was van plan geweest naar huis te gaan. Het bier had erin gehakt. Maar op de valreep was hij in gesprek geraakt met Jaap Gnodde, een jongen die pas kort meedeed. En Jaap, wat was de wereld weer klein, bleek een externe senior van Sygma te zijn. Voor Berry was dit een buitenkans. Als noviet had hij weinig contact met senioren en hij was razend benieuwd naar de ervaringen van Jaap. Toch betrapte hij zich er een paar keer op dat hijzelf veel meer aan het woord was dan de senior tegenover hem. Hij moest zijn verhaal kwijt en eindelijk was daar iemand met een gewillig oor. Iemand die dezelfde keuze had gemaakt als hij en dezelfde weg was gegaan.

Jaap was natuurlijk veel verder. Hij had Ontwarren gedaan en had de Bouwfase al achter de rug. Je kon het aan hem zien. Die rust, het vermogen te luisteren, de milde glimlach. Dit was een man met beheersing, met controle over zichzelf. Je zag het ook op het veld. De achteloosheid waarmee hij passte, het wijzen en sturen, het overzicht. Het gesprek motiveerde Berry meer dan ooit om door te zetten, om de training, hoe confronterend ook, af te maken en zich op te geven voor een vervolgtraject.

Berry had geen idee wat Jaap voor werk deed. Maar hij was ervan overtuigd dat ook daar de effecten van zijn Sygma-opleiding zichtbaar zouden zijn.

'Wat doe jij eigenlijk voor de kost, Jaap? Laat me raden. Bank? Docent? Coach?' Het was inmiddels halfzeven.

'Niets,' zei Jaap. 'Ik heb geen werk, momenteel.'

Daar schrok Berry toch even van. Een senior zonder werk, dat bestond eigenlijk niet.

'Niets? Dat geloof ik niet. Sabbatical of zo?'

Jaap glimlachte. 'Zoiets. Door een reorganisatie lag ik eruit. Je kunt wel alles willen sturen, maar er zijn situaties waarin dat niet lukt. Staat ook in ons handboek. Als je de omstandigheden niet kunt veranderen, dan verander je jezelf. Zo stuur je toch en behoud je de controle.'

Berry hing aan zijn lippen.

'En zo heb ik dus besloten dat vrij zijn van werk goed voor me is. Een kans, een uitdaging.'

Werkloosheid is een kans, herhaalde Berry in stilte.

'Ik ga meer tijd steken in Sygma,' zei Jaap. 'Meer workshops en misschien over een poosje intern. Ik weet geen betere investering voor mijn spaarcenten. En wie weet zit er ooit een staffunctie voor me in. Ik laat het rustig op me afkomen.'

Berry vond het allemaal zo inspirerend dat hij geen afscheid kon nemen. Dus maakte hij nog twee biertjes open, vooruit, drie, want ook de spits was er nog. Henk stond naast Jaap, maar deed niet mee aan het gesprek. Zijn ogen lodderden en hij moest zich vasthouden om niet om te vallen.

'Zullen we een Chinees doen, Jaap? Ik trakteer. Kunnen we nog even verder lullen.' Berry toostte met zijn flesje.

Jaap knikte. 'Proost.'

'Nou, wat vind je?'

'Morgenochtend heb ik rollenspel, maar vooruit. Welke?'

'Peking? Prettige bediening. Ja meneer, dank u wel. Nee meneer, dank u wel. En lekker.'

Jaap nam een slok. 'Mij best.'

'Ik ga ook mee,' zei Henk. Hij had even zachtjes op de zin geoefend voor hij hem eruit gooide.

Om tien uur belde Berry een taxi om Henk naar huis te laten brengen. De spits was al geruime tijd niet meer aanspreekbaar en zat nu te snurken.

'Taxi meneer, dank u wel.' De vriendelijke ober ondersteunde de man naar de auto.

'Afzakkertje in de Uiltjes?' vroeg Jaap Gnodde. 'Daar wordt weer gerookt.'

'Waarom niet? Het is toch al laat. Biertje extra maakt niet meer uit. Maar wacht even, jij rookt toch niet?'

'Klopt. Niet meer. Maar vanavond gaat er een pakje doorheen. Ik heb zojuist ontdekt dat roken bij me hoort. En wat bij je hoort moet je koesteren, de kans geven en versterken. Staat in het handboek.'

'Je maakt een geintje,' zei Berry.

'Natuurlijk.'

Tegen twaalven zat Berry alleen op zijn kruk en kreeg hij een onweerstaanbare drang zijn avonturen met iemand te delen en vervolgens tegen die persoon aan te gaan liggen en in een droomloos coma te vallen.

Hella.

Ze verwachtte hem niet, ze zouden elkaar bellen, morgen of overmorgen of later. Maar als je een relatie hebt, mag je de planning veranderen. Dus fietste Berry naar Hella's appartement, opende de voordeur met zijn sleutel – tastbaar bewijs van liefde – en liep naar haar slaapkamer.

'Lieve Hella, sorry dat ik je wakker maak. Mag ik even bij je komen?'

Ze draaide zich om en keek hem aan alsof ze in een andere wereld verkeerde. In Rome of zo.

'Ik heb zoveel moois te vertellen, je wilt niet weten wat me vandaag is overkomen,' zei Berry.

Ze kreunde even. 'Dat klopt, Berry. Dat wil ik niet weten. Het is halfeen en je bent dronken. Laat me slapen en ga naar huis.'

Berry was op het bed gaan zitten. 'Jaap Gnodde is een senior van Sygma.'

'Welterusten. Ik moet morgen aan het werk. We bellen wel.' Hella draaide zich weer om.

Toen Berry van Zanten de deur achter zich dichtdeed en zijn fiets zocht, was hij niet teleurgesteld of verdrietig. Teleurstelling is voor slachtoffers, had hij vanavond weer geleerd. En hij was geen slachtoffer. Hij ontwikkelde zich tot iemand die zijn eigen lot bepaalde. Jaap had het zo mooi gezegd: 'Als je de omstandigheden niet kunt veranderen, dan verander je jezelf.'

Het duurde een kwartier voor hij zijn fiets had teruggevonden.

6

In 1971 richtte de voormalige autoverkoper Werner Erhard, alias John Paul Rosenberg, EST (Erhard Seminars Training) op, een onderneming die trainingen aanbood, gericht op een verbetering van de kwaliteit van het leven. Deelname aan de cursussen zou leiden tot een verrijking van het leven en toegang geven tot een succesvoller bestaan, zowel privé als in de werksituatie. Deelname was niet goedkoop, maar kon als een waardevolle investering worden gezien, die zich later zeker zou uitbetalen.

EST was onder meer gebaseerd op methoden uit de massapsychologie, met als centrale tactiek het langdurig onder druk zetten van groepen individuen in afgesloten ruimtes. Met deze werkwijze kunnen bij deelnemers in korte tijd nieuwe denkbeelden en inzichten worden ingeprent en kunnen oude als afkeurenswaardig worden losgelaten.

Erhard had een deel van zijn ideeën opgedaan in de periode dat hij bij de Scientology-beweging betrokken was.

Na enige tijd verschenen er berichten in de pers over bijzonder negatieve ervaringen van individuele deelnemers aan het EST-programma. Kort daarna kwam het tot diverse processen. EST kreeg een slechte naam. Als gevolg van deze ontwikkeling verkocht Erhard het cursusmateriaal aan enkele van zijn werknemers. Een van hen, Erhards broer Harry Rosenberg, richtte vervolgens het bedrijf Landmark Education op, dat trainingen en cursussen organiseerde die waren gebaseerd op de EST-methode, zij het in iets aangepaste vorm. Tot op de dag van vandaag is Landmark in verschillende landen actief.

Een andere betrokkene bij EST, Richard Sarandon, eigende zich op omstreden wijze een deel van het gedachtegoed toe en startte de onderneming Sarandon Seminars. Dit bedrijf opereerde lange tijd in de schaduw van Landmark. Het was relatief kleinschalig, bleef daardoor in de luwte en koppelde de EST-methoden aan een gedachtegoed van levensbeschouwelijke aard. Belangrijke elementen waren 'trouw aan de organisatie', 'onderlinge loyaliteit' en 'de groep staat boven het individu'. Kenmerkend voor de benadering van Sarandon was de veelvuldig gebruikte leuze 'Breek en Bouw'.

Enkele jaren later besloot Sarandon Seminars van naam te veranderen, na dubieuze toespelingen in de media op de initialen van het bedrijf. Die stap betekende de geboorte van Sygma.

SYGMA (Strengthen Your Generic Mental Abilities) bleef een relatief kleine onderneming, zeker in vergelijking met Landmark, waarschijnlijk vanwege de tamelijk uitgesproken inzichten en aanpak. Die strategie heeft geleid tot een nogal naar binnen gerichte organisatie. Een van de doelstellingen is de cursisten binnen de schoot van de organisatie te houden. Het bedrijf is daar veelal succesvol in doordat de cursist tijdens workshops het beeld wordt voorgehouden dat hij vooralsnog faalt en dus nog een lange weg van trainingen te gaan heeft. Daarvoor zijn er verschillende vervolgtrainingen beschikbaar, die zonder uitzondering kostbaar zijn.

Sygma mag dan een bescheiden bedrijf zijn, financieel gezien gaat het de organisatie voor de wind. De binding met Sygma die de meeste cursisten al na korte tijd ervaren, staat garant voor een constante geldstroom. Veel cursusleiders zijn vrijwilligers, waardoor de kosten beperkt worden.

Het hoofdkwartier van Sygma is gelegen in de buurt van Austin, Texas, en straalt het succes uit dat iedere deelnemer wordt voorgehouden. In een groot futuristisch wit gebouw is het hart van de organisatie gevestigd. Dat is het kantoor van waaruit de lokale en internationale vestigingen worden aangestuurd en gecontroleerd. De belangrijkste medewerkers van Sygma zijn hier gehuisvest en natuurlijk heeft de directeur hier zijn vertrekken, zij het dat zijn functiebenaming anders is. Volgens het jargon van Sygma is de hoogste baas geen directeur, maar eenvoudigweg 'the leader'. In de Sygmacultuur is geen plaats voor borstklopperij of triomfalisme. 'Bescheiden maar vastberaden' is een van de motto's.

Sarandon is inmiddels bejaard en laat zich niet meer in het openbaar zien. Zijn taken heeft hij gedelegeerd. Daardoor is er een zekere mythe rond hem ontstaan. Af en toe worden videobeelden naar buiten gebracht waarin hij zijn boodschap declameert, met grote bewegingen en andere uitgesproken lichaamstaal, maar onduidelijk is van wanneer die dateren.

Het landgoed beslaat meer dan tweehonderd hectare.

In comfortabele onderkomens wonen enige honderden interne novieten en senioren.

Op het terrein bevinden zich een 9-holes golfbaan, een zwembad en een hotel met 150 kamers voor belangstellenden en bezoekers van internationale Sygmasamenkomsten.

Twintig paarden, vijfenzestig koeien, een groentetuin. De nederzetting is grotendeels zelfvoorzienend.

De toegang wordt geflankeerd door twee vlaggen, elk met een groene en een zwarte baan. Het landgoed is omsloten door een drie meter hoge omheining, waaraan sensoren zijn verbonden.

Er is een hek. Ernaast staat een bord: 'Always Open.'

Op regelmatige afstanden zijn camera's gemonteerd. Ook zijn elders op het terrein optische sensoren aangebracht.

Klaus had zijn ogen uitgekeken.

7

Hella lag in bad met een Marokko Gids. Ze deed haar ogen dicht en stond op een duin van tweehonderd meter hoog. In de verte zag ze een streep blauw: de Atlantische Oceaan. Ze had er op het strand gestaan. Een strand van honderden kilometers lang met nauwelijks bebouwing. Je kon met je voeten in het water tot aan Senegal wandelen.

Ze was er in haar eentje geweest, in de pre-Berry tijd. Een min of meer vaste relatie had ze toen wel gehad, maar ze ging liever alleen. Ook toen al had Hella op gezette tijden ruimte en tijd voor zichzelf nodig en die behoefte was in latere jaren alleen maar gegroeid. Lang had ze zich afgevraagd wat de oorzaak daarvan was. Het lag voor de hand om die bij haarzelf te zoeken. Misschien was ze een beetje asociaal, een tikje egoïstisch, het kon zijn.

Het kon ook aan de ander liggen. Ze kon zich niet anders herinneren dan dat ze af en toe genoeg kreeg van de aanwezigheid van haar partners. Na een paar dagen werd ze kriegelig, onrustig, de ander voldeed dan even niet meer.

Stel dat haar behoefte aan privacy te maken had met de partner die ze had gekozen, had ze dan wel het goeie vriendje? En waren er misschien mannen bij wie ze die drang helemaal niet zou voelen? Bij wie ze juist voortdurend in de omgeving wilde zijn? Met wie het heerlijk zou zijn om doorlopend, maanden- of zelfs jarenlang samen op te trekken? En waar waren die mannen dan? Ze was er niet uitgekomen.

Hella mijmerde, tot ze het koud kreeg. Ze kon zich gaan afdrogen of nog een halfuur blijven liggen. Ze koos voor het laatste en draaide de warmwaterkraan open.

Nee, aanvankelijk was Berry geen uitzondering geweest. Toch was er de laatste tijd iets veranderd, en met een grijns constateerde ze dat ze misschien eindelijk volwassen werd. Haar hele redenering, de theorie die ze jaren had gekoesterd, was zo lek als een mandje.

Ze was iets vergeten in de berekening.

Een mens is geen statisch organisme. Geen rots die hetzelfde blijft als je er tegenaan schopt, geen slachtoffer van genen of van heftige ervaringen in het verleden. Niets overkomt je zonder gevolgen.

De kraan kon wel weer dicht, ze begon te transpireren.

Hella had gemerkt dat ze invloed kon uitoefenen op de blik, het perspectief waarmee ze de wereld bekeek. En dus op haar beeld van de mensen om haar heen.

Van Berry.

Het was zinloos om te wachten tot die ideale vent eindelijk langskwam. Die was er niet. En als hij er wel was, zag je hem niet. Dat schoot dus niet op.

Als ze Berry tien jaar geleden was tegengekomen, had de relatie waarschijnlijk niet lang standgehouden. Nu was ze al een paar jaar gek op hem en merkte ze dat de relatie alleen maar hechter werd. Ernstig kijkende tobbers schermden in dit verband met het verschrikkelijkste cliché dat ze kende, maar ze moest hen gelijk geven. Ze kreeg eczeem van de frase, maar er zat wat in: werken aan je relatie.

Het was geen kwestie meer van wachten tot de onontkoombare verschraling intrad, haar vroegere houding, maar actief worden als er inzakking of ander gevaar dreigde. Hella geneerde zich voor haar vroegere naïviteit.

Door haar nieuwe inzicht was er een barricade geruimd die in het verleden elk gezamenlijk toekomstperspectief tegenhield. Samen een huis delen, kinderen, geen haar op haar hoofd. En nu groeide er een voorzichtig verlangen naar een toekomst met Berry, breekbaar nog, niet uitgekristalliseerd of verwoord, waarbinnen onmiskenbaar ook de Grote Kwesties aarzelend hun vinger opstaken. Ze verbeeldde zich dat Berry zich in hetzelfde stadium van ontwikkeling bevond.

Niets forceren, geen haast, hield ze zichzelf voor, er is iets bezig en het groeit.

Ze glimlachte bij de constatering dat ze het helemaal zelf had gedaan, zonder dure trainingen van Sygma of aanverwante clubs.

Helemaal genezen was ze nog niet.

Hella had het idee dat haar behoefte aan een rustperiode de laatste tijd niet afnam, integendeel. Ze wist dat het te maken had met Berry's groeiende betrokkenheid bij Sygma. Je kon niet zeggen dat die hen uit elkaar dreef, zo ernstig was het allemaal niet, maar het was een hoofdstuk van zijn leven dat ze niet kon delen. Het maakte dat ze zich soms een beetje schuldig voelde. Misschien deed ze Berry tekort door niet wat meer haar best te doen om begrip te hebben voor zijn enthousiasme. Blij voor hem te zijn dat hij iets had ontdekt dat zijn leven verrijkte. Misschien was ze toch te egoïstisch.

Ondertussen werd Sygma belangrijker voor Berry en daarmee ook voor Hella. Per saldo werd de wereld waar ze samen van genoten kleiner. Het plezier moest dus worden vergroot om het verlies te compenseren. Meer vrijen was een mogelijkheid. Vaker dingen doen waar ze lol in hadden, zoals buiten de deur eten of op café, het kon. Waarom niet? Ze nam zich voor het erover te hebben en hem leuke en spannende voorstellen te doen. Waarschijnlijk liep hij met soortgelijke twijfels rond.

Op een enkel onverhoeds moment bekroop Hella de angst dat Sygma een splijtzwam zou worden. Ze besefte dat dat een gevaarlijke gedachte was, die ze rigoureus de kop moest indrukken. Het was haar bij eerdere vrijers overkomen dat er een doembeeld voorbijkwam dat zich in haar hoofd nestelde, wortel schoot en daarna onuitroeibaar onkruid bleek. Een irrationeel maar onomkeerbaar drama. De klassieke selffulfilling prophecy. Een spat twijfel kon verwoestende effecten hebben.

Maar ze kende de sluipmoordenaar inmiddels en wist waar hij woonde.

Hella concentreerde zich dus op de compensatiestrategie. En als vanzelf – de Marokko Gids had ze allang weggelegd – gingen haar gedachten terug naar een kleine maand geleden. Samen in bad hadden ze er een spektakel van gemaakt waar ze vaak en onontkoombaar, vooral als ze alleen in bed lag, aan terugdacht. Altijd begeleid door intense erotische ervaringen.

Haar bad was te klein voor twee personen, maar Berry was creatief. En lenig waren ze allebei, en geen van beiden erg groot. Bovendien was er geen enkele noodzaak om onder water te blijven, wat de mogelijkheden sterk vergrootte. Ze hadden verschrikkelijke lol gehad in het uitvinden van posities die binnen de 170 bij 65 centimeter mogelijk waren. Die bleken onuitputtelijk als je bereid was je knieën en ellebogen te teisteren en met je stuitje zowel op de bodem als boven de waterspiegel te kwispelen. En als je uiteindelijk ook je adem een poosje wilde inhouden op het moment dat je activiteiten zich toevallig onder water afspeelden. Hella merkte dat die onderzeese ervaringen, zowel actief als passief, een nieuwe dimensie hadden geschapen in haar seksuele carrière. Het zag er anders uit, het voelde anders, het smaakte anders. Het was nieuw, spannend en vooral buitengewoon opwindend.

Daar dacht Hella aan, en toen ze haar hand op haar dij legde, volgde onvermijdelijk het pavloveffect.

Dat duurde niet meer dan een paar minuten, maar het knalde erin.

Ze besloot nog minimaal een kwartier te blijven dobberen en zette de kraan op heet.

8

Tom van Manen was bang.
 Hij keek in de spiegel die boven de kachel hing en zag het. Zijn gezicht was het afgelopen jaar veranderd. Zelfs als hij al zijn spieren ontspande, keerde het vriendelijke, onbezorgde gezicht van vroeger niet terug. Er waren lijnen en vouwen bijgekomen die hem grimmig maakten, boosaardig bijna. Hij kon er moeilijk aan wennen.
 Hij zette de pc aan en liep naar het raam, dat uitkeek op een woonerf met een verkommerde wipkip. De buurt waar zijn kleine appartement was gesitueerd paste rimpelloos bij zijn gemoedstoestand. Met jaren-zeventigoptimisme gebouwd, was de wijk nu afgezakt naar een kwakkelstemming met de keus tussen definitief verval en een laatste spoor van onmachtig verzet. Tom van Manen was vastbesloten zijn eigen verzet te koesteren, hoezeer hij er ook van overtuigd was dat hij kansloos was tegen zo'n machtige tegenstander.
 Een donkere tienermoeder met een strak truitje, een pront achterwerk en een peuter op haar rug, treuzelde wat op het plein. Ze draaide zich om en zwaaide in de richting van de poort waar ze net onderdoor was gelopen. Tom kon niet zien naar wie ze wuifde.
 Hij zag dat de jonge vrouw het kind voorzichtig op de grond liet zakken, waarna het opgetogen naar de wipkip rende. Naar voren wilde het armoedige ding nog wel, maar de eerste diepe buiging naar achteren was te veel. Met al haar energie had de peuter de be-

weging ingezet die nu werd afgebroken door een confrontatie met het ingedroogde zwarte rubber, dat ooit was aangelegd om een onverhoedse val te verzachten. Tom keek even weg van het tafereel; van nature verdrong hij beelden van rampen, bloed, ongelukken en andermans verdriet. Toch kon hij het niet laten om weer te kijken. Hij zag de jonge moeder over haar kind gebogen staan en vroeg zich af of hij een of andere hulpdienst moest bellen. Hij voelde zich laf en schuldig toen hij besloot ervan af te zien.

Tom van Manen was een kleine, magere man van zevenenveertig. Zijn veerkrachtige blonde krullen hadden de laatste jaren aan vitaliteit ingeboet, alsof ze na een slagregen niet meer de fut hadden nog overeind te komen. Hij had twee brillen, voor beide afwijkingen één, maar droeg ze zelden. Met zijn grijze ogen had hij altijd indruk gemaakt op vrouwen, maar hij merkte de laatste tijd dat mooie ogen niet meer voldeden. Het verval begon te overheersen.

De jonge moeder stond naast het speeltoestel met het kind in haar armen, knuffelde en wiegde het, minutenlang. Tom luisterde, maar hoorde niets. Het kwam goed, het kwam vast goed. Het viel allemaal mee. Goddank.

Hij liep terug naar zijn pc en overwoog via Google naar zijn vroegere werkgever te gaan. De kunstacademie was zijn thuis geweest, vijftien jaar lang. Hij had er zijn ex-vrouw leren kennen, was jarenlang de meest populaire docent geweest en had zich gekoesterd in de combinatie van beeldhouwen en lesgeven.

Tot het misging.

Hij was als een blok beton gevallen voor Moniek, een van zijn voormalige studentes. De relatie was inderdaad ongelijkwaardig. Na een heftige verliefdheid van beide kanten had ze hem gedumpt, zomaar, met de vrolijke opmerking dat het leuk was geweest, maar dat ze een erg lieve Finse student was tegengekomen, en dat hij vast wel begrip... Hij was gaan drinken en werd uiteindelijk ontslagen.

Van beeldhouwen kwam niets meer. Ooit had hij melancholisch geknikt bij een aangrijpend verhaal over Michelangelo. Die meende dat het beoogde beeld in de klomp steen al bestond en dat je niets anders hoefde te doen dan het omhulsel eraf te bikken. Zo had hij het toen ook gevoeld.

Allemaal gelul. Verzonnen kitsch.

Tom van Manen was bang.

Dat was hij al een paar maanden, maar toch dacht hij er niet over om het op te geven. Integendeel. Zijn angst was voor hem het bewijs dat hij gelijk had, het voelbare bewijs van de terreur die hij aan den lijve had ondervonden en die niet te stoppen was.

Hij moest vertellen wat hem was overkomen. Vertellen wat hij had gezien.

Godbetert, met al zijn energie had hij zich ingezet. Hij had zich nog nooit zo kwetsbaar opgesteld.

Verraden, hij had er geen ander woord voor.

Tot in het diepst van zijn ziel had hij zich verraden gevoeld. En om anderen voor dezelfde ellende te behoeden, had Tom besloten te gaan bloggen. Het kwam niet alleen voort uit altruïsme. Natuurlijk was hij ook boos. Razend, zelfs.

Hij zou Sygma treffen waar hij maar kon.

Maar tegelijkertijd was Tom van Manen doodsbang. Hij wist waartoe Sygma in staat was.

Toegegeven, bewijzen had hij niet en aanklachten van slachtoffers hadden steevast tot niets geleid.

Maar er waren geruchten.

Geruchten over verdwijningen.

9

Berry van Zanten was totaal uitgeput.

Natuurlijk, hij was te laat naar bed gegaan en de zondagalcohol zat nog volop in zijn lijf. Daarbij kwamen de stijfheid en het gezeur in zijn benen en rug, het onvermijdelijke effect van een wedstrijd met een slecht getraind lijf.

Een belangrijker oorzaak was het lange gesprek van gisteravond met Jaap Gnodde. Het was zo inspirerend geweest dat het, telkens als hij in slaap dreigde te vallen, als siervuurwerk zijn hersens had geactiveerd en zijn gedachten van prachtige kleuren had voorzien. Berry wilde wel slapen, maar nog liever hield hij de euforie vast die hem had overvallen.

Maar echt moe was hij vandaag geworden van de bloktraining.

Ontwarren klinkt veelbelovend en positief, en dat is het uiteindelijk ook, maar de eerste één-op-éénsessies hakken erin.

Uiteraard was hij ingelicht over de inhoud van het seminar. Denkbeelden zouden ter discussie worden gesteld, schadelijke associaties verhelderd en vooroordelen gespiegeld. Dat had vooraf allemaal bijzonder nuttig geklonken, maar de praktijk bleek een pijnlijke ervaring. 'Je moet er doorheen,' had Henri gezegd. 'Zonder pijn geen groei.' Dat wilde Berry best aannemen, maar het was beslist doorbijten.

Drie ontwarringssessies van een uur, telkens afgewisseld met een halfuur intensieve lichamelijke inspanning, zowel op de tredmolen als op de roeimachine. Tijdens de zittingen werd met veel verbaal geweld en harde confrontaties geknaagd aan alle zekerheden die een leven lang waren gekoesterd. In het derde uur brak het verweer en stortte het veilige huis in. Berry wist dat hij geen labiele persoonlijkheid had, maar hier was hij niet tegen bestand. Na afloop stond hij met lege handen en voelde hij zich ontreddered.

'Een noodzakelijke fase,' zei Henri later. 'We moeten eerst knippen voordat we kunnen plakken. Hou vol, Berry, je doet het goed.'

Dat hielp een beetje en zijn motivatie hield hem op de been, maar het beloofde licht was nog niet te zien. De ontwarring mocht volgens Henri dan geslaagd zijn, het liet Berry juist in verwarring achter.

'Ik weet het niet, Henri,' zei hij na de sessie. Hij veegde het zweet van zijn voorhoofd. 'Het voelt vreemd... leeg... vol. Ik weet het niet meer.' Hij kon wel janken van vermoeidheid.

Henri legde een hand op zijn schouder en keek hem glimlachend aan. 'Dat is precies de bedoeling, lieve Berry. Je ervaart je nu niet als jezelf, en dat verklaart je onzekerheid. Je bent je identiteit even kwijt. Dat duurt niet lang, geloof me, en het hoort bij het proces. Je oude puzzel is in stukjes uit elkaar gevallen en de nieuwe moeten we nog tot een mooi geheel maken. Het seminar duurt nog even, zoals je weet. We laten je niet in de steek. Sygma laat niemand in de steek. Kom, we gaan naar de Warme Kamer, even iets drinken. En de anderen zijn ook net klaar, zie ik.'

Berry stond te tollen op zijn benen, maar de arm om zijn schouders deed hem goed. Henri had kort tevoren nog geschreeuwd en hem gewezen op de inconsequenties in zijn gedachtewereld. Nu was hij gevoelig, ontvankelijk en... ja, lief, dat was het woord. Volslagen anders dan daarnet. Dat gold ook voor zijn stem en zijn ogen. Zacht en vriendelijk.

En weer had Berry, fysiek gebroken en psychisch uitgekleed, geen verweer. Hij pakte Henri's hand, keek de trainer aan en knikte. Hij wilde janken, maar beheerste zich. Henri knikte terug en kneep in zijn schouder.

'Het komt goed.'

Op dat moment braken de vliezen. Berry verloor de controle en zijn decorum. Janken mocht, was hem vaak gezegd. Zijn lichaam begon te schokken en hij duwde zijn gezicht tegen Henri's schouder.

Zo stonden ze een poosje tegen elkaar aan.

Berry voelde dat zijn hoofd werd opgetild en hij wilde het wegdraaien. Met tranende ogen ga je niet een andere vent aankijken. Hij was kansloos. Henri hield zijn hoofd vast.

'Ga even zitten. Ik zal je wat vertellen, Berry, iets wat je goed zal doen.' Hij schonk twee glazen frisdrank in. 'Wat je hier van jezelf openbaart, is het mooiste wat je kan overkomen. Natuurlijk, je kunt dat nog niet overzien, je zit tenslotte in het begintraject. Maar je moet beseffen dat je de eerste stap, en die is voor iedereen de moeilijkste, hebt gezet. Je bent er nog niet, toch ben je al verder dan veel andere cursisten. Je hebt je opengesteld voor verandering, je bent bereikbaar. Dat is een godsgeschenk, Berry, geloof me. Zo zijn er niet veel.'

Berry knikte. Het was goed om te horen, maar zijn hersens deden het niet meer. Alsof zijn miljoenen grijze cellen opeens ruzie met elkaar hadden.

'Neem een slok. We noemen het extraviet. Verbouwen we hier op het terrein. Zal je goed doen.'

Berry nam een slok en het deed hem goed. Elke slok van welk drankje dan ook zou hem goed gedaan hebben.

'Nog iets anders.'

Berry keek op.

'Ze heet Hella, of niet?' Henri's blik was anders dan daarnet.

'Je bedoelt...'

'Ja, je vriendin. Het wringt, dat heb je zelf vast ook gevoeld.'

Berry was kapot. 'Ik heb... ik weet niet...'

'Ik heb van je begrepen dat je veel van haar houdt. Dat schept verplichtingen, beste Berry. Je hebt je plicht nog niet vervuld.'

Hij wist niet hoe hij moest reageren. Knikken leek de beste optie.

'Weet je dat bloemen die dicht bij elkaar staan beter groeien?'

Berry probeerde te glimlachen en schudde zijn hoofd.

'Dat geldt ook voor mensen. Wil jij dichter bij Hella komen? Wees eerlijk.'

Hij wilde liggen, op zijn zij, alleen. Of met Hella, met haar arm op zijn rug. Op zijn buik. Zijn dij. 'Ja.'

Henri keek hem vriendelijk aan met zijn lichtblauwe ogen. 'Dan moet je meegaan met haar leven.'

'Dat probeer ik.'

'En dat lukt dus niet.'

Berry wilde ja knikken, maar schudde nee.

'Als je haar niet genoeg kunt bereiken, kun je ervoor zorgen dat ze jou kan vinden, jou kan begrijpen.'

'Hoe dan?'

Henri nam een slok. 'Dat weet je wel.'

Het was even stil.

'Bedoel je…?'

'Als ze van je houdt, heeft ze het voor je over.'

Berry schudde zijn hoofd. 'Dat doet ze nooit. Ze vindt het niks.'

'Houdt ze van je?'

'Ik geloof het wel.'

'Dan zal ze het doen.' Henri stond op, stak zijn hand op en liep naar de deur. 'Kom, ga lekker naar huis en neem even rust. Je hebt het verdiend. Ik zie je morgen.'

Berry was eraan toe, maar hij was er niet van overtuigd dat hij rust verdiende. Twijfel, falen en onzekerheid waren zijn voornaamste emoties. Hoe hard hij ook gewerkt had, er was geen spoor van trots of voldoening.

Henri keek hem even doordringend aan voordat hij de Warme Kamer verliet. 'Dus vraag Hella eens om vrijblijvend langs te komen. Ze hoort bij je systeem, Berry, en jij bij het hare. Individuen bestaan niet, dat is optisch bedrog, iedereen is een component, een onderdeel. Er zijn alleen systemen, vergeet dat niet.'

Berry knikte. Hij was in staat alles te beamen.

'En, o ja, we hebben over twee weken een kennismakingsweekend.'

10

Kahn stond voor het raam en zag een groepje interne novieten volleyballen op een veldje naast het plein. Ze leken uitgelaten. Hij kon ze door het dubbele glas heen horen. Kahn glimlachte. Hij wist precies in welke fase ze verkeerden. Het was prachtig om te zien hoe voorspelbaar mensen waren, vooral als ze zich durfden over te geven aan het intensieve Sygmaprogramma. Met trots constateerde hij dat hier een van de optimistische Verlichtingsideeën werd waargemaakt. De mens was kneedbaar, zelfs maakbaar, en daarmee de samenleving. Hij zag het voor zijn neus gebeuren en het gaf een grote voldoening een rol te mogen spelen in de verwezenlijking van die gedachte. Boekenschrijvers en filosofen hadden hun mond vol van theoretisch geneuzel, maar hij stond met zijn poten op de werkvloer en maakte het waar in de praktijk. En daar ging het natuurlijk om.

De novieten zaten in een bouwfase. Na de zware breekweek zorgde dat altijd voor euforie en opluchting. De loutering had zijn werk gedaan en geleid tot een uiterst vruchtbare bodem. Alles wat zou worden geplant, zou gretig groeien. Kahn had het al zo vaak mogen meemaken. Het was goed dat de novieten niet wisten dat de bouwfase maar kort zou duren, die informatie zou afbreuk doen aan hun welverdiende ontspanning. De essentie van de benadering was nu eenmaal dat de beslissende stap niet in één keer kon worden genomen. Effectief was alleen de getrapte methode: vooruit en terug, vooruit en terug en weer vooruit. Breek en Bouw, Breek en Bouw.

Kahn draaide zich om en keek Klaus aan. Die zat op de bank, voorovergebogen, met zijn ellebogen op zijn knieën. In een stoel verderop zat Henri.

'Je had je mannen op een paar dissidenten gezet, Klaus. Ik wil details horen over hun activiteiten.'

Klaus ging rechtop zitten. 'Ze zijn bezig met het natrekken van...'

'Van de dissidenten, Klaus. Activiteiten van de dissidenten. Soms vraag ik me af of je hier wel op je plaats bent.'

Het kostte Klaus moeite om te blijven zitten. Hij vroeg zich af waar deze vernedering voor nodig was, en nog wel in aanwezigheid van Henri. Het was lastig te verdragen, maar hij hield zich in. De code was duidelijk: als Kahn iets had gezegd wat je dwarszat, dan zocht je bij jezelf waar de irritatie vandaan kwam. Voor irritatie en boosheid is niet de buitenwereld verantwoordelijk, je roept ze zelf op, ook al doe je dat niet bewust. Klaus herhaalde de tekst, maar veel hielp het niet. Hij had het altijd een van de moeilijkste mantra's gevonden.

'Nou, Klaus?'

'Er zijn er drie, Kahn, zoals ik je de vorige keer vertelde. De eerste is een meid van zeventien die aanvankelijk een uitstekende kandidaat was. Ze heeft een paar trainingen met goed gevolg doorlopen en was al vrij snel zover dat ze bereid was mensen uit haar omgeving te rekruteren. We vonden haar veelbelovend, en...'

'Leuke meid op het eerste gezicht, maar achterbaks,' zei Henri. 'Ik had haar vrij snel door.'

'Goed werk, Henri. Ga door, Klaus.'

Klaus nam even de tijd. 'Ze heeft haar moeder ingebracht, een vrouw die absoluut een achtergrond had die haar geschikt maakte voor onze benadering. Verlaten door haar man, onzeker in haar werk. Het leek erop dat ze veel baat bij Sygma zou kunnen hebben.'

'Maar het liep anders?'

'Ja. Ze kon Ontwarren niet aan en kreeg een collaps.' Klaus keek opzij naar Henri, die niet terugkeek.

'En toen?'

'De vrouw maakte het programma niet af en is volgens haar dochter in een depressie geraakt.'

Kahn knikte. 'We hebben niet de illusie gewekt of ooit de belofte gedaan dat onze methode in honderd procent van de gevallen succesvol is. Er is altijd een kleine groep die de eigenschappen mist om het op te pakken. Ga verder.'

'Die veelbelovende meid is daarna dus ook afgehaakt.'

'Veelbelovend, veelbelovend,' mompelde Henri.

Klaus negeerde hem. 'Ze heeft een plaatselijke krant gebeld en haar verhaal gedaan. Het was geen lang stuk, maar wel nogal negatief. Er volgde nog een ingezonden brief van iemand die haar bijviel, maar daar bleef het bij. Ik denk dat het verder wel losloopt.'

'Nog actie ondernomen?'

'Bob en Joost hebben haar op straat staande gehouden en duidelijk gemaakt dat ze niet verstandig bezig was. Alles volgens het handboek. Ik denk dat we het hier bij kunnen laten, maar we houden het in de gaten.'

'Heel goed. Nummer twee.'

Het compliment deed Klaus goed. Hij bladerde in zijn papieren. 'Een man, Hans de Vries.'

'Herinner ik me.'

'Zat niet in mijn groep,' zei Henri.

Klaus keek opzij. 'Eerst wel, jij hebt hem klaargestoomd voor de Interne.'

'Je hebt helemaal gelijk. Dat lukte trouwens vrij snel.'

'Hoe dan ook,' zei Klaus, 'hij is tijdens de Breek vertrokken en boze mailtjes gaan sturen naar externe novieten. Voor zover ik weet hebben die berichten geen invloed gehad, want er zijn geen extra afvallers of toegenomen motivatieproblemen. Ik vermoed dat de actie van De Vries doodbloedt. We hebben hem verteld dat wat hij aan het doen is alleen hemzelf schade zal berokkenen.'

'Goed, Klaus, heel zorgvuldig. Complimenten. Tijd voor een glas goede whisky, heren.' Kahn liep naar het tafeltje in de hoek en schonk drie glazen in. 'En nummer drie?' Hij reikte zijn stafleden een glas aan.

Klaus nam een slok en keek naar zijn glas. 'De blogger.'
'O ja, de blogger. Wie is het?'
'We zijn op zoek, Kahn. Het is in ieder geval een ex-noviet, dat blijkt uit zijn teksten. We zijn bezig alle afvallers van het laatste jaar te screenen en lokaliseren. Het zijn er een kleine veertig. Mijn mannen zijn al een heel eind, driekwart kunnen we inmiddels doorstrepen. Het net sluit zich, we zullen hem vinden. Ik ga er tenminste van uit dat het een hij is.'
Kahn knikte. 'Degelijk werk, Klaus. Hoe lang denk je nog nodig te hebben?'
'Een week, misschien iets langer.'
'Hm. En wat moeten we ons voorstellen bij zijn blogs? Eenvoudige laster of is er meer?'
'Het varieert. In de eerste plaats komt hij met de bekende bestofte oude beschuldigingen. Dat we een organisatie zijn met winstoogmerk, dat we met onze methoden grenzen overschrijden, het sekteverhaal. Niets nieuws dus. Vervelend is dat hij via internet in potentie een enorm publiek bereikt.'
'Dat ben ik met je eens. Hij vergiftigt het hele web met zijn rancuneuze geblaat. Wat is er verder over te melden?'
'Ernstiger vind ik dat hij in zijn blog mensen oproept – lotgenoten en mede-slachtoffers noemt hij ze – om zich te verenigen en dan juridische actie tegen ons te ondernemen.'
Kahn priemde met zijn vinger naar Klaus en keek hem scherp aan. 'Dat is pure agressie! Een frontale aanval op Sygma. Hoe diep kan een zieke geest zinken.'
'Onvergeeflijk,' zei Henri.
'Zo is het.' Kahn liep naar het raam en staarde naar buiten. Het was er uitgestorven.
'Wat doen we als we hem hebben gelokaliseerd?' vroeg Klaus.
Kahn draaide zich om. 'De man heeft onze gastvrijheid genoten en pleegt nu verraad. Hij doet dat op een laffe manier, door anoniem met stront te gooien. Bovendien organiseert hij een leger van medestanders. Hij is op oorlog uit, mannen. En in oorlog is wat mij betreft veel geoorloofd. Het handboek is er duidelijk over. Als de organisatie in haar bestaan wordt bedreigd, dan geldt de richtlijn:

rechtvaardig maar resoluut. Ik stel voor dat we het tribunaal instellen en een oordeel vellen. Henri?'

'Schuldig.'

'Klaus?'

'Schuldig.'

'Dat vind ik ook. Ik stel vast dat het tribunaal unaniem in zijn oordeel is. Vervolgens de sanctie. Henri?'

'De hoogste. Rechtvaardig maar resoluut.'

'Klaus?'

'Ik weet het niet. Een mogelijkheid is om het eerst te proberen met een ernstige waarschuwing, eventueel gecombineerd met de aankondiging van een fysieke sanctie, mocht hij zijn activiteiten voortzetten. We kunnen hem ook de kans geven zijn beschuldigingen te herroepen.'

Henri stond op. 'Sorry, Kahn, maar dit slaat nergens op. We hebben het hier niet over een grappenmaker die we even aan zijn jasje willen trekken. Het gaat om een verrader die Sygma fanatiek en destructief te lijf gaat. De organisatie kan zich hier geen welwillende opstelling veroorloven. Dit vraagt om keihard ingrijpen, voordat de schade nog groter wordt. Sygma staat boven het individu en dat weet mijn collega-master naast me ook.'

'Rustig maar, Henri.' Kahn ging zitten. 'Klaus heeft recht op zijn mening, net als jij. Goed. Naar mijn oordeel heeft deze figuur uiterst laakbaar gedrag vertoond. Ernstiger is nog, dat hij vastbesloten is daarmee door te gaan. Daarmee lijkt hij niet voor rede vatbaar. Dat rechtvaardigt wat mij betreft de hoogste sanctie. Die zal worden uitgevoerd, aangezien de meerderheid binnen het tribunaal beslist.'

'Maar kunnen we niet...'

Kahn stak zijn hand op. 'Nee, Klaus. Het tribunaal heeft gesproken.'

II

Hella was moe toen ze naar de tennisbaan fietste.
Woensdag was normaal een rustige dag, maar vandaag was het hectisch geweest. Het was volstrekt onvoorspelbaar. Alsof iedereen op hetzelfde moment dezelfde aanbieding had gelezen en op hetzelfde moment over een trip begon te fantaseren, en vond dat die dan ook maar onmiddellijk moest worden geboekt. Dinsdagmiddag waren er drie klanten geweest, vanmiddag tientallen.
Leuk was het wel, reizen boeken en het oplossen van de bijkomende vraagstukken als: kan ik op Madagaskar mijn tanden met kraanwater poetsen of krijg ik dan de tyfus? Op zo'n zeilcruise bij Turkije, is daar ook nog wat te zuipen? Op die safari in Malawi, kunnen we dan ook nog van die... van die... hoe heten ze nou, Truus, van die kleine... van die Hottentotten zien? En de leukste van vandaag: we willen Obama en Flapje meenemen naar Tenerife, maar Flapje is loops en eerlijk gezegd niet zo erg continent, hoe gaat dat dan in het vliegtuig?
Hella wist donders goed wat haar werk zo leuk maakte. Ze was elke dag plaatsvervangend aan het reizen. Telkens als ze meedacht met haar klanten, was ze ook een beetje op vakantie. Als ze een vliegreis uitzocht, zocht ze een beetje voor zichzelf. Als ze uitlegde waar het schip zou aanleggen, zag ze de steden voor zich en liep ze virtueel de loopplank af. Ze was ter plekke als ze vertelde over bestemmingen. Het kwam voor dat ze om zich heen keek en licht ka-

terig constateerde dat ze een bureaubaan had en beloofd had zo dadelijk de koffiekoppen af te wassen.

Ze parkeerde haar fiets in het hok en kleedde zich snel om. Aan tennisrokjes deed ze niet, die waaiden hinderlijk op, zodat je er ook nog eens een modieuze slip bij moest zoeken. Een strakke tomaatrode short voldeed prima. Een te professionele outfit zou ook vloeken bij haar tenniscapaciteiten, die ronduit bescheiden waren. Niettemin won ze meestal van Angela, die tenniste alsof ze badmintonde, waarmee je echt Wimbledon niet haalt.

Maar het ging helemaal niet om winnen, Hella tenniste louter voor de gezelligheid. En voor de lol, want haar vriendin was niet alleen een getalenteerd badmintonner, maar ook aangenaam gestoord.

Angela was copywriter bij een groot reclamebureau, en een goede. Zij was het die in een campagne voor roomboter de vermaledijde margarine van de fameuze 'smaaksluier' betichtte. Het woord had de Van Dale nog niet gehaald, maar dat was een kwestie van tijd. Ze was nogal excentriek. Dat gold voor haar kleding, maar ook haar fysiek. Een spichtig gezicht, grote, zwaar opgemaakte ogen, een neus als van een sherryproever. Angela was vierenveertig, maar zag er ouder uit. Hella sloot niet uit dat ze soms ergens een lijntje mee snoof.

'Uit!' riep Angela, nadat ze een zeer diepe bal had geslagen waar Hella niet bij kon.

'Nee hoor, hij was in,' zei Hella. 'Het is weer gelijk.'

'Duidelijk uit. Game, first set Miss Rooyakkers. Second set, Miss Angela to serve.'

'Angela, hij was een halve meter binnen de lijn. Een prachtige bal.'

'Helemaal niet, ik raakte hem verkeerd. Ik wil geen punten cadeau krijgen. De volgende set is voor mij. Of die daarna. Je kent me, een echte *winner*. Vecht voor elk punt, geeft nooit op voor de laatste bal geslagen is.'

'Kan ik nou eindelijk serveren?'

'Nee, ik serveer. Goed?'

'Nou vooruit.'

Angela serveerde.

'Voetfout! Shit! Nul-vijftien.'
'Wat klets je nou weer!' riep Hella.
'Ik maakte een voetfout, ik zag het duidelijk. Ontkennen is zinloos. Als je protesteert, haal ik de scheidsrechter erbij.'
De rosé op het kleine terras smaakte zoals je mocht verwachten van een rosé op een klein terras van een schamel tennisclubje. Met de alcohol is in ieder geval niet gemarchandeerd, dacht Hella. Hij viel goed.
'Ik hoop niet dat je het erg vindt dat ik je weer heb laten winnen,' zei Angela.
'Welnee, ik vind het heel lief van je.'
'Anders moet je het zeggen. Maar dan knal ik er wel een zes-nul zes-nul uit.'
'Nee, het is goed zo.'
'Hoe is het met Berry? Een lieve dromer.'
'Heel lief. Hij is met zijn hoofd vooral bij zijn nieuwe hobby.'
Angela nam een slok en staarde naar haar lege glas. 'Nieuwe hobby? Wijn proeven? Nordic walking?'
Hella glimlachte. 'Hij is liefdevol opgenomen in een club die werkt aan zelfrealisatie, zoals hij dat noemt. Berry wil meer uit zichzelf halen.'
'Dat moeten we respecteren. Ik zou ook wel meer uit mezelf willen halen, met alle respect, maar dan moet het er wel in zitten. Ik kom elke avond leeg thuis.'
'Berry zegt dat hij er leeg heen gaat en verrijkt terugkomt.'
'Juist ja. Ik stel voor dat we nog een flesje laten aanrukken. Hoe heet die club?'
'Sygma Foundation of zoiets. Overgewaaid uit Amerika.'
'Sygma? Jezus, meid, dat is een gezellig stel. Wacht, ik haal even wat lekkers.'
Drie minuten later was Angela terug. Ze zette de koeler op het tafeltje en schonk de glazen vol.
'Wat bedoel je met "een gezellig stel"?' vroeg Hella.
'Ik had een vriendje, nou ja, een goeie kennis, die er toevallig binnenliep. Hij bleef er hangen, was een vermogen aan cursusgeld kwijt en is er inmiddels trainer. Nu is hij hooguit nog een vage ken-

nis, ik kan niet meer normaal met hem praten. Hij glimlacht me op de gekste momenten bemoedigend toe, maar misschien lacht hij wel omdat hij denkt dat hij het allemaal beter weet.'

'Berry glimlacht me ook bemoedigend toe, vooral als we gaan neuken.'

Angela lachte, ze had haar glas alweer leeg. 'Kijk maar uit, schat. De vriendin van die kennis zat binnen een paar maanden ook bij de club, terwijl ze toch overkwam als een nuchter meisje. Die lui zijn erg goed in werven, in verleiden. Straks zit jij daar ook.'

'Geen schijn van kans, doe me een lol. Nog een slokje?'

Toen Hella haar voordeur wilde openen, begon er in de buurt iets te miauwen.

De poes dook op naast haar rechtervoet en glipte naar binnen voordat Hella kon reageren. Ze had het beestje snel gevonden. Het lag op de bank in de woonkamer.

'Kom, poes, hier woon je niet. Kom op, je moet naar huis.' Hella pakte de kat op, liep naar de voordeur, zette hem in het halletje en glipte snel terug naar binnen.

Ze kon de radio wel harder zetten, maar het gemiauw bleef hoorbaar. Na een halfuur hield ze het niet meer. Toen ze het kommetje melk op de vloer van de gang zette, wist ze dat ze iets doms had gedaan. Soms is medelijden erg onverstandig.

Een uur later had Hella voor het eerst in haar bestaan een huisdier. Wel nam ze zich voor een briefje op te hangen in de supermarkt om de hoek en de andere notities in de gaten te houden.

Ze besloot de poes voorlopig Poes te noemen.

Berry had net zijn derde cursusdag achter de rug en voelde zich beter dan een paar dagen geleden. Hij wist weliswaar niet wat hem nog te wachten stond, maar het leek erop dat hij enigszins greep begon te krijgen op de chaos in zijn hoofd. Cruciaal was het moment geweest waarop hij had besloten zich aan Henri over te geven. Niet met enig voorbehoud, maar onvoorwaardelijk en compromisloos. Hij had niet alleen zijn lot, maar ook zijn identiteit en totale persoon in Henri's handen gelegd.

Niet dat hem een andere mogelijkheid werd geboden, Henri had hem zo diep het moeras in gedreven, dat alleen zijn uitgestoken hand hem nog kon redden. Er was geen keuze.

Sindsdien voelde Berry zich veiliger. Hij stond er niet meer alleen voor. 'Je maakt nu deel uit van het systeem,' had Henri gezegd. 'Het systeem is een warm huis met een dak.' Berry had daar even over moeten nadenken, hij had geen zicht op een groter geheel, het systeem waar hij nu kennelijk deel van uitmaakte, maar moest toegeven dat de symboliek hem wel aansprak.

Hij verlangde naar Hella, ze hadden elkaar al te lang niet meer gezien. Een grote bos gele tulpen leek hem het minste dat hij haar kon geven om de gênante vertoning van zondag goed te maken. Hij besloot de sleutel in zijn zak te houden en aan te bellen.

'Dag Hella, mag ik binnenkomen? Alsjeblieft.'

Hella deed een stap opzij. 'Dank je. Wat mooi! Kom erin. Wat zie je eruit! Wat is er gebeurd?'

Berry's hand ging onwillekeurig naar zijn hoofd. 'O dat, ik was het alweer vergeten. Voorwaarde voor deelname aan de workshop is dat je je haar afknipt. Snorren en baarden mogen ook niet. Schoon beginnen, noemen ze dat. Ik vond het niet erg, hoor, het voelt wel lekker. Wil jij ook even voelen?'

Hella deed het. 'Het staat je best aardig.' Ze was vastbesloten lief voor hem te zijn en zich niet te laten opfokken door bizarre verhalen over zijn Sygma-ervaringen.

'En ik wil me nog verontschuldigen voor mijn gedrag van zondag. Het had niet mogen gebeuren.'

'Is goed. Ga zitten. Hoe lang moet je nog?'

'Tot vrijdagavond. Kost me vijf vakantiedagen, die grap.'

'Is het echt grappig, die cursus?'

Hij lachte even. 'Misschien komt dat nog, maar tot nu toe is het vooral overleven.'

'Is het zo erg?'

Berry schudde zijn hoofd. 'Nee nee, het is niet erg. Het is juist goed, al kun je dat pas achteraf merken, zeggen ze.'

Ze wist dat ze nu beter niet kon doorvragen. Als het jeukt, moet je juist niet gaan krabben. En het jeukte al behoorlijk. 'Heb je honger?'

'Eerlijk gezegd niet echt. Elk uur extraviet hakt erin.'
'Extraviet?'
'Ja, een bijzonder drankje. Ik weet niet wat ze erin stoppen, het lijkt of je maag er kleiner van wordt. Je hongergevoel verdwijnt compleet.'
Jeuk. 'Ik heb nog zalm in de koelkast. Weet je wat? We slaan het diner gewoon over. Hooguit snoepen we wat van toast en boter en zalm en gekookt ei en ansjovis en oude kaas met mayonaise.'
'Lekker. Zal ik wat inschenken? Witte of rode?' Berry stond op.
'Witte, graag. Hij is open, ik was al aan het indrinken.'
'Jij wel. Voor mij wordt het een frisje. Wij staan de hele week droog, alcohol is niet toegestaan zolang de workshop duurt.'
'Ook niet na het werk?'
Berry straalde. 'Juist niet na het werk! Het is hartstikke stom om 's avonds lekker te gaan zitten compenseren. Dat is zonde. Dan heb je overdag een hoop werk voor niets gedaan. Is toch logisch?'
Jeuk. Ik laat me niet meer verleiden. Ik laat me niet meer verleiden. 'Het zal wel.'
'En sinds wanneer heb jij een poes?'

De zalm was heerlijk, Hella wist het S-onderwerp te vermijden en de gesprekken gingen over haar werk en in het bijzonder over de idiote wensen waar sommige klanten mee kwamen. Zoals een all-inclusive kampeerarrangement. Of een Finse reis graag, maar dan zonder die verrekte muggen. Een wintersportreis naar de Ardennen met sneeuwgarantie. Een leuk hotel voor een verblijf van vier weken in Oude Pekela. ('De omgeving schijnt erg mooi te zijn.')

En ze wende zelfs aan het mallotige bijna kaalgeknipte hoofd van Berry. De irritatie verdween en maakte plaats voor een voorzichtig groeiend verlangen naar onbekommerd glimlachen, nonsenspraat, kleine kusjes.

'Wat zullen we doen?' vroeg ze.
'Doe eens een voorstel.'
'Er is een lekkere film op tv. We kunnen op de bank gaan hangen of languit in bed. En dan mag jij mij witte wijntjes inschenken.'

Berry pakte haar hand. 'Languit lijkt me wel wat. Jij kijkt naar de film en ik ergens anders naar. Ik heb je gemist.'

'Hm.'

'Kom.' Berry leidde Hella naar de slaapkamer.

Hij vroeg zich af of dit het goede moment was om het kennismakingsweekend op de Sygmahoeve aan te kaarten.

12

Pierre Marsman stond voor de spiegel en schoor zich, voor de tweede keer vandaag.

Ooit had hij zijn baard laten staan om van dat eeuwige gedoe af te zijn, maar het stond hem niet. Hij leek op Fidel Castro.

Zonder baard niet. Met zijn magere gezicht, zijn zwarte haar en zijn lange atletische lijf zou hij een gooi kunnen doen naar een carrière als 'het gezicht van Gilette' of 'de man van Hugo Boss'. Zijn leeftijd vormde geen beletsel, hij was nog geen veertig.

Zijn uiterlijk had hem in de achterliggende jaren een eindeloze reeks dates met aantrekkelijke vrouwen opgeleverd, een reeks die nog wel even zou doorzetten. Toch liep de frequentie de laatste tijd wat terug. Niet omdat de belangstelling voor zijn persoon afnam, integendeel, maar omdat zich een zekere vermoeidheid aandiende. Hij had zoveel rondgereisd dat een weekje rustig thuis steeds aantrekkelijker werd.

Maar vanavond zou daar niets van komen. Over een halfuur zou hij aan een tafeltje bij het raam, met uitzicht over de rivier, plaatsnemen tegenover Jacqueline. Hij had haar een week eerder ontmoet bij een boekpresentatie, waar de derde thriller van een goede vriend werd gelanceerd. Jacqueline was bureauredacteur bij diens uitgever, en prachtig. Kort, donker haar, blauwe ogen, aan de kleine kant en vooral sierlijk. Dat ze bijna vijftien jaar jonger was dan hij, deed er niet toe.

Het zou geen relatie worden, wist hij uit ervaring. Dat lag niet aan haar, ze leek er zelfs heel geschikt voor. Ze was rustig, volwassen en lief. Het lag altijd aan hemzelf. Alsof er ergens een wachtpost opdoemde die hem staande hield en op besliste toon terugstuurde. Zo ging het steeds.

Natuurlijk wist Marsman donders goed waarom zijn hersens telkens die belachelijke beelden hadden opgeroepen. Hij was eenvoudigweg te schijterig om zich in een relatie te storten.

Daar kwam bij dat zijn huidige leven hem uitstekend beviel. Er was een hoop te genieten. Een ruim oud huis in het centrum, de liefste hond van de wereld, een mooi inkomen en werk waar hij van genoot.

Pierre Marsman was onderzoeksjournalist. Lange tijd was hij in dienst geweest van een landelijk dagblad, maar sinds een paar jaar was hij eigen baas. Hij werkte nu als freelancer voor verschillende opiniebladen, kranten en tijdschriften en kreeg meer opdrachten dan hij aankon.

Kort geleden had hij besloten zich in een nieuwe zaak te verdiepen.

Mondjesmaat waren er op internet berichten opgedoken over een organisatie die Sygma heette. Wat hij las, intrigeerde hem buitengewoon.

Eerder had hij reportages gemaakt over bewegingen als Landmark, Essence en The Secret, dus hij was behoorlijk ingevoerd in de materie. Maar met Sygma was iets bijzonders aan de hand. Niet dat hij er precies de vinger achter kon krijgen, het was meer iets gevoelsmatigs. Er kriebelde iets in de onderzoekscellen in zijn brein. Het knaagde.

Op zich was de informatie niet spectaculair. Op de website www.sygmafoundation.com was een korte introductie te lezen in het gebruikelijke jargon. Sygma was een organisatie die trainingen verzorgde, gebaseerd op methoden die nogal Amerikaans aandeden: je hebt je lot in eigen hand, zowel falen als succes is je eigen verantwoordelijkheid. Volg me en je wordt rijk, gezond en succesvol. Weinig nieuws.

Maar er was meer. Waar Landmark en andere ondernemingen

aan de weg timmerden, bewoog Sygma zich in de schaduw. Het leek of ze publiciteit meden en nogal naar binnen gericht waren. Dat triggerde Marsman, omdat die opstelling erop kon duiden dat er iets te verbergen viel. Organisaties die belangstelling van buiten schuwen, hebben wat te verbergen. Hij vroeg zich af wat dat was.

Ook waren er berichten van oud-cursisten. In sommige gevallen betroffen die het hallelujagevoel dat hen na afloop had overvallen. Ze hadden het licht gezien en zelfs de meest afgrijselijke persoonlijke rampen weten om te zetten in mogelijkheden voor een mooi nieuw begin van hun leven. Er waren er zelfs een paar die hun kankerschap als een zegen ervoeren.

Maar de meerderheid van de boodschappen was minder positief. Hij herkende de teneur en stijl van de berichten. Het ging in veel gevallen om gefrustreerde cursisten die vonden dat ze geen waar voor hun geld hadden gekregen of ontevreden waren afgehaakt omdat de aanpak hen niet was bevallen. Er sprak veel rancune uit, zag Marsman. Er was weinig verschil met de reacties van oud-aanhangers van Scientology en aanverwante organisaties. Marsman had zich indertijd verdiept in het onderwerp, maar kon nooit tot een conclusie over de oorzaken van de klachten komen. Het kon immers gaan om afvallers die los van welke cursus dan ook structureel gefrustreerd bleven, mensen die de schuld voor elk onheil dat hun overkomt onverbeterlijk bij anderen leggen. Wat hij ook ontdekt had, was dat de meerderheid van de aanhangers de beweging trouw bleef. Zonder een oordeel te vellen over de betreffende organisaties, was het voor Marsman zonneklaar dat ze efficiënte methoden gebruikten om mensen te binden en als het ware soldaten van hen maakten.

Dat waren zijn nuchtere overwegingen, hij was tenslotte een onafhankelijke onderzoeker.

Maar relativeren en glimlachen deed hij de laatste tijd niet meer als hij Sygma googelde.

Er was nog iets.

Een terugkerend bericht dat hem aangreep.

Een blog.

13

Het Hoofd Beveiliging en Protocol nam zijn taak bijzonder serieus. Klaus had na lang twijfelen besloten een paar extra camera's op een aantal cruciale plekken op het terrein te plaatsen. Het ging om minuscule elektronica, die onzichtbaar was aangebracht. De reden van zijn twijfel betrof zijn voornemen het project op eigen initiatief uit te voeren en zijn plannen niet met Kahn en Henri te bespreken. Daarmee zou hij ingaan tegen de heersende mores en cultuur van de organisatie. Belangrijke projecten werden normaliter door de staf besproken, waarna over een oordeel en beslissing werd gestemd.

Formeel had Klaus, gezien zijn functie, het recht zelfstandig in te grijpen. Maar volgens het handboek was dat alleen in uitzonderlijke gevallen toegestaan. Klaus had het nog even nagekeken. '... indien het voortbestaan of de integriteit van de organisatie in gevaar is, dan wel de veiligheid van betrokkenen bij de organisatie op het spel staat.' Hij was er niet zeker van of hij op dit moment een beroep kon doen op het voorschrift, en even had Klaus overwogen het hoofdkwartier in de Verenigde Staten te consulteren. Hij had daarvan afgezien; het leek hem niet verstandig onrust te veroorzaken die mogelijk onterecht was.

Uiteindelijk had Klaus zijn besluit genomen. Als de organisatie met risico's werd geconfronteerd, was het zijn plicht in actie te komen. Sommige wetten stonden boven andere. Dat gold buiten in de samenleving en evengoed binnen Sygma.

Klaus maakte zich ernstige zorgen. Niet zozeer omdat het voortbestaan van de organisatie direct in gevaar zou zijn, maar vanwege de genoemde integriteit. En hij besefte heel goed dat die twee op de lange duur samenhingen.

De blogger was tot de hoogste sanctie veroordeeld en daar had hij zich bij neer te leggen, maar hij was het er absoluut mee oneens. De hoogste sanctie was een maatregel waar uiterst zuinig mee moest worden omgegaan. Een laatste middel als alle andere acties vergeefs waren gebleken en er acuut gevaar dreigde. Dat was in Klaus' ogen niet het geval. Hij vond dat er onvoldoende was geprobeerd om de blogger te overtuigen van zijn ongelijk, hem desnoods rechtvaardig en resoluut te overreden met zijn dwaling te stoppen.

In het verleden was de maatregel uiterst spaarzaam opgelegd. Hij had erachter gestaan en was betrokken geweest bij de uitvoering van het vonnis. Een nare ervaring, maar hij had zijn gevoelens opzijgezet voor het hogere doel: de continuïteit van Sygma. De organisatie stond boven het individu. In zijn functie was het onbestaanbaar dat hij zich op het ultieme moment zou omdraaien.

Nee, trots was Klaus niet geweest, het had hem geen voldoening gegeven. De hoogste sanctie betekende intense tragiek en altijd een menselijk drama, alleen aanvaardbaar als er geen andere weg was. En dat was indertijd het geval geweest. Het ging om verraders die bezig waren geweest het systeem van binnenuit te vernietigen. Dan moest er, rechtvaardig en resoluut, worden ingegrepen.

Er was nog een reden om spaarzaam te zijn met sancties. Ze konden alleen uiterst behoedzaam en in de verborgenheid worden uitgevoerd, vanwege het gevaar van onthulling en de daaropvolgende schade voor de organisatie. Media lagen altijd op de loer. Hoezeer de maatregel ook gerechtvaardigd was, de buitenwereld mocht geen enkel signaal krijgen of zelfs maar de minste verdenking koesteren. Misleiding en verhulling waren daartoe essentiële strategieën. Het was niet het favoriete onderdeel van zijn werk, maar Klaus was er verantwoordelijk voor en dat accepteerde hij.

Er was nog iets.

Kahn en Henri schoven op, ze verhardden.

In het handboek, en ook in de bijlagen, stonden de regels beschreven voor de benadering van cursisten en de te hanteren methoden. Altijd werd daarin speelruimte gegeven aan de master of zijn assistent om zijn individuele stijl en aanpak vorm te geven. Het boek was niet dwingend, maar juist uitnodigend. Maar Kahn en Henri zochten de grenzen op, en hij had het voorgevoel dat ze die in de nabije toekomst niet alleen zouden vinden, maar bereid waren ze te testen. Wat er daarna zou gebeuren, wist hij niet. Maar de mogelijkheid dat de Sygmamethode zou worden opgerekt, misbruikt zelfs, had zich in zijn hersens genesteld.

Integriteit, vertrouwen. Consequent en rechtvaardig. Klaus droomde de woorden soms.

Henri.

Jong, enthousiast, succesvol.

Ambitieus. Te ambitieus, vond Klaus.

Kahn zag het niet of wilde het niet zien. Dat had ten slotte de doorslag gegeven.

Klaus had de noodzakelijke maatregelen genomen en was nu in staat Kahn zonder dat hij het wist te observeren.

En Henri.

Vooral Henri.

Hij zou hem in de gaten houden tot in het chalet, Henri's favoriete plek voor moeilijke kandidaten.

Het chalet.

Voor insiders: het Zweethuis.

14

'Ik heb vanavond een borrel in de Wolthoorn,' zei Hella. 'Ik weet niet hoe laat het wordt.'
'Wist ik niks van.'
Hella drukte het toestel wat steviger tegen haar oor. 'Ik kan je moeilijk verstaan. Waar zit je?'
'In de Warme Kamer. Gekkenhuis hier. Het zit erop. We vieren het met een drankje en iedereen staat te bellen met het thuisfront. Alsof we iets goed te maken hebben.'
Jeuk. 'Gaat het goed met je? Ben je nu echt klaar?'
Berry nam even pauze. 'Klaar, lieverd, klaar ben je natuurlijk nooit. Je zit altijd in een fase, het klinkt misschien stom, maar je zit in een traject. Jij, ik, wij allemaal. En dat is maar goed ook. Als we stilstaan, zakken we in. Wat is dat voor borrel waar je naartoe moet?'
Hella zuchtte. 'Ik moet niks, maar ons bureau bestaat tien jaar. Dat wordt gevierd en ik heb eigenlijk best zin in een kroegavond.'
Ze had er eerlijk gezegd zelfs heel erg veel zin in. Lekker kletsen met Claudia, beetje flirten met Stan van de automatisering, rozig worden van de rosé. En wie weet kwam ze nog wat ontvankelijke types tegen, die ze met een glimlach en met gepaste trots zou afwijzen. De kroeg grossierde in politici en dichters met een groot ego. Het was heerlijk om te ervaren dat ze daartegen bestand was.
'Zal ik nog langskomen vanavond? Ik heb een hoop te vertellen.'

'Het is weekend, kom maar lekker. Je hebt een sleutel. Als Poes chagrijnig is, mag je een blikje openmaken. Jesus, wat een lawaai daar.'

'Kahn komt net binnen.'

'Kahn?'

'Ja, hij is hier de eerste. De eerste master. Goeie vent, altijd bereikbaar, echt een leuke man.'

Hella had zin in een avontuurlijke avond, en merkte dat haar frontaalkwab er al naar op weg was. 'Nou, veel plezier nog met meneer Kahn, doe hem vooral de groeten.' Ze grinnikte.

'Zal ik doen. Wat leuk dat je dat zegt, trouwens. Misschien leer je hem nog weleens kennen.'

Hella's hele cortex was inmiddels het café binnengegaan en had op een kruk plaatsgenomen. 'Stuur hem maar naar de Wolthoorn. Berry, ik ga. Tot straks.' Ze drukte haar mobiel uit.

15

Met Jacqueline was het inderdaad niets geworden.

Ze was lief en verstandig, en had de mooiste rug die hij ooit had gezien, vooral de zone die overging in de billen, met aandoenlijke donshaartjes en een mooi contrast tussen bruin en bleek. Het was niet voldoende voor een vervolgafspraak. Sommige vrouwen waren eenvoudigweg te lief en te verstandig, een prachtige rug kon dat euvel niet compenseren. Daarbij kwam dat zijn hoofd niet stond naar een investering in een verhouding.

De blogger liet hem niet los. Onderzoeksjournalist Pierre Marsman rook een verhaal. Hij moest en zou contact leggen met de man die Sygma de oorlog verklaarde. Wat bezielde hem? Wat was hem precies overkomen?

En daar had Marsman een probleem. Hoe maak je een afspraak met een anonieme blogger?

Hij overwoog een reactie te schrijven met het voorstel contact te leggen. Maar hoe dan? Moest hij zijn telefoonnummer vermelden? Dat leek niet handig. Ongetwijfeld hield Sygma de blogger in de gaten, en ook de reacties op zijn berichten. Marsman had geen reden bang te zijn voor repercussies van de organisatie. Ze zouden het wel uit hun hoofd laten de aandacht te trekken door zich met de discussies te bemoeien, laat staan dat ze met waarschuwingen of dreigementen zouden komen. Meer negatieve publiciteit zou hun ondergang kunnen betekenen. Zo dom waren ze niet.

Niettemin had Marsman er geen enkele behoefte aan zich bij Sygma bekend te maken. Hij wilde in de luwte zijn werk doen. Daarbij kwam dat hij de anonimiteit van de blogger niet in gevaar mocht brengen. En dat zou gebeuren als Sygma hem had getraceerd.

Een e-mailadres.

Marsman had er meerdere, waaronder een paar met een fictieve naam. Hij realiseerde zich dat ook een e-mailadres niet waterdicht was, maar in ieder geval een stuk veiliger dan een telefoonnummer.

En zo schreef Pierre Marsman een reactie op de meest recente blog. Hij deed daarin een voorstel voor een afspraak en vermeldde een van zijn e-mailadressen.

Hij las zijn bericht nog drie keer door.

En nog een keer.

16

Het was druk.

Het halve ambtenarenkorps van de stad sloeg elkaar zoals elke vrijdag op de schouders om de pesterijen van de afgelopen week weg te poetsen, zodat ze maandag weer met een schone lei konden starten. Zoveel mogelijk rondjes geven maakte deel uit van deze traditie, waardoor de tongen loskwamen en een argeloze bezoeker kon worden geconfronteerd met de meest geheime en intieme informatie.

Hella wrong zich door de zwetende meute en vond achterin de tafel waar haar collega's van De Zwaan zaten.

'Hoi Hella, wat zie je er goed uit!' Ze was koud binnen en Stan begon al.

'Was je dat niet eerder opgevallen? Lekker compliment.'

'Nee, ik bedoel...'

'Te laat, Stan, probeer het straks nog eens. Dag jongens, hallo Claudia. Zijn jullie er al lang?'

Twee uur later was ze alleen over met Claudia en zaten ze aan het hoekje van de bar. Hella wenkte de jongen achter de tap, wees naar hun lege glazen en stak twee vingers op. Hij knikte.

'De laatste dan,' zei Claudia. 'Herman heeft de schurft aan dronken vrouwen.'

'Toch is hij met je getrouwd.'

'Ik vind je erg attent en lief vanavond.'
'Kost me geen moeite, hoor. Je bent mijn vriendin. Alles goed met Herman? Met zijn nieuwe kledinglijn?' Hella nam een slok.
'Milaan heeft gebeld, en New York. En vandaag Londen.'
'Proost! Wat geweldig!'
'Ze zien ervan af. Verder gaat het goed. Geleen, Vlaardingen en Emmeloord zetten waarschijnlijk door.'
Hella knikte en staarde naar een groepje mannen verderop. Opeens besefte ze dat ze recht in het gezicht keek van een voormalige Dichter des Vaderlands. De man knikte haar vriendelijk toe.
'En Berry?'
Hella keek haar aan. 'Sorry?'
'Hoe is het met Berry?'
'Breek en bouw.'
'Eh…'

Ik kan naar huis gaan of blijven hangen, dacht Hella een kwartier later. Ze besloot het nog even aan te zien.
Achtereenvolgens kreeg ze een drankje aangeboden van:
- Een oud-minister, die haar wel naar haar werk vroeg, maar niet in haar antwoord was geïnteresseerd.
- De dichter. Hij luisterde wel.
- Een andere dichter met een baardje, mogelijk de toekomstige des Vaderlands. Ze kon hem niet goed verstaan, het was al laat.
Toen Hella thuiskwam, zat Berry in een stoel te slapen met Poes op schoot. Een aandoenlijk tafereel, vond ze. Ze liep naar hem toe, hield haar mond bij zijn rechteroor en had zin om heel hard iets te roepen.
'Berry!'
Hij sprong op, Poes ook.
'Godverdomme! Ik schrik me dood!'
Hella lachte. 'Heb ik je lekker toch een keer boos gekregen.'
Dat klopte niet, want hij lachte onmiddellijk terug. 'Ik schrok een beetje. Hoe heb je het gehad?'
'Viel me wat tegen. Je gaat erheen en hoopt op feest en avontuur. En op het eind denk je: dit verhaal heb ik al gelezen. Ken je dat?'

Berry schudde zijn hoofd. 'Ben je een beetje dronken?'
'Ja.'
'Anders wil ik wel wat voor je inschenken.'
'Niet als ik teut ben?'

Hella had het op haar linkerzij geprobeerd, maar dat had geresulteerd in een opkomende misselijkheid. Op haar rechter ging het ook niet. Dus lag ze nu op haar rug. Dat ging vrij goed, wat ook kwam doordat Berry met veel gevoel en geduld haar schouders en borsten streelde. Het leidde af. Gaandeweg vergat ze haar maag en ontsnapte haar af en toe een zucht. Een paar keer bewoog ze haar hoofd. Links. Rechts. Ze keek Berry aan. 'Lief. Je bent lief.'
'Niet praten,' fluisterde hij.
Zijn vingers gingen om haar maag heen, langs haar zij en pauzeerden in haar lies. Daarvandaan maakten ze kleine uitstapjes. Hella merkte dat haar rechterdij het besluit nam om ruimte te maken. Dat vergrootte de actieradius van Berry's vingers aanzienlijk. Volgens mij heb ik gekreund, dacht ze even later. Eén vinger voldeed om ook haar andere dij te verplaatsen. Ze liet zich gaan en realiseerde zich vaag hoe oneindig lief Berry was. Waarschijnlijk verlangde hij verschrikkelijk naar haar hand. Ze kon het niet opbrengen. Nog waarschijnlijker was dat hij voorzichtig op haar zou willen gaan liggen. Berry deed het niet, hij begreep het. Hij was met haar bezig en niet met zichzelf. Hella's hersens werden uitgeschakeld en ze zakte weg tot in het holst van haar gevoel. Een minuut later betrapte ze zichzelf opnieuw op een geluid. Een lichte zucht met een beetje stem. Het ontsnapte.
Toen ze haar ogen opendeed zag ze Berry's gezicht, vlakbij. Hij glimlachte.
'Lekker,' fluisterde ze. Hella tilde haar hoofd op en gaf hem een vluchtige kus.
Ze ontspande zich en voelde zich aangenaam leeg. Bevrijd, vrede op aarde, niets hoeft en alles mag.
'Ik zou je iets willen vragen,' zei Berry. 'Je iets willen voorstellen, eigenlijk.'
Het kostte Hella moeite afscheid van haar hemelbed te nemen.

Ze wilde niet denken, niet terug naar nu. Tijd en plaats loslaten en wegzeilen, de coma tegemoet. 'Wat... eh...' Ik doe mijn ogen niet open, dacht ze. Als ik ze dicht houd, wordt het vanzelf weer stil.

'Lieve Hella,' zei Berry. 'Je hebt de laatste tijd zoveel van me moeten verdragen, van me moeten aanhoren.' Hij sprak zachtjes, dicht bij haar oor. 'Al die verhalen over mijn nieuwe bezigheden, bedoel ik. Je bent anders dan ik, ik besef dat je soms steigerde, maar toch laat je me in mijn waarde. Daar ben ik je dankbaar voor.'

Hella ging verliggen.

'Ik wil zo graag dat we elkaar blijven begrijpen. Dat we op één lijn blijven. We mogen niet uit elkaar groeien, dat zou verschrikkelijk jammer zijn.'

Hella ging weer verliggen.

'Vind je niet? Hella?'

'Hm.'

'Ik zou het heel fijn vinden als je een keer kennis wilt maken met wat me de laatste tijd bezighoudt. Ik weet heus wel dat het jouw wereld op dit moment niet is.'

Het lukte Hella eindelijk een paar woorden op te hoesten. 'Dat klopt.'

'Voor onze relatie. Dat je mij wat beter begrijpt. Het mooie is, dat er volgend weekend een bijeenkomst is georganiseerd, speciaal voor partners en nieuwkomers. Heel ontspannen. Echt een vrijblijvende kennismaking.'

Hella ging rechtop zitten. Ze merkte dat het niet hielp. 'Sorry, je bent erg lief, maar wil je in godsnaam als een speer een emmer pakken?'

Berry was te laat.

17

'Uw verhaal is me uit het hart gegrepen. Graag zou ik een afspraak met u willen maken om u over mijn ervaringen met Sygma te vertellen. Ik denk dat ik u kan helpen met uw belangrijke werk.'

Tom van Manen keek naar zijn scherm en wist niet wat hij van het bericht moest denken. Natuurlijk, het deed hem goed dat hij veel reacties kreeg van lotgenoten. Zelfs van slachtoffers van heel andere bewegingen. Het was alsof zijn angst afnam naarmate hij meer steun kreeg. Hij werd sterker, in zekere zin minder kwetsbaar, nu hij geen eenling meer was op een eenzame kruistocht, maar zich omringd wist met gelijkgestemden. Zijn blog sloeg kennelijk aan.

De reacties waren doorgaans anoniem of onder schuilnaam. Kennelijk wisten de schrijvers dat Sygma scherpe ogen had en over een buitendienst beschikte die de opdracht had de reputatie van de organisatie met alle middelen te bewaken. Van Manen proefde de angst die ook hemzelf had bekropen.

Een enkele keer werd een e-mailadres vermeld, maar dat kwam eigenlijk alleen voor bij gematigde of neutrale berichten. Alsof men zich dan minder druk maakte over privacy of traceerbaarheid. Een e-mailadres is tenslotte soms met enige creativiteit te herleiden tot een straat met huisnummer. Dat geldt temeer wanneer de geïnteresseerde over macht en connecties beschikt.

En dat was dus het eigenaardige. Dit bericht was ondertekend met 'Groeten, Harry' en afgesloten met een e-mailadres. Harry@house.com.

Harry stak zijn nek uit. Sterker nog, met zijn reactie daagde hij Sygma uit. En bood vervolgens zijn adres aan.

Tom van Manen begreep het niet.

Hij rookte drie sigaretten, schonk een kop thee in en stond twee keer op om uit het raam naar het armzalige woonerf te kijken. De wipkip lag met zijn kop achterover, alsof een jihadstrijder zijn keel had doorgesneden.

En nog steeds begreep Tom het niet.

Wat hij wel snapte, was dat hij niet met Harry kon mailen. Onherroepelijk zou hij zijn mailadres prijsgeven als hij dat deed. Zo onvoorzichtig als Harry zou hij niet zijn.

Hij had geen keus en dat was buitengewoon frustrerend. Elke steun die hij kon krijgen was van belang en hij had er veel voor over om met een informant zijn ervaringen te delen. Het zou de organisatie van het verzet, zoals hij het zag, veel efficiënter maken als hij zo de krachten kon bundelen.

Toen Van Manen voor de derde keer naar het woonerf staarde, voelde hij een lichte, onbestemde sensatie in zijn buik die zich vervolgens in zijn maag als angst bekendmaakte en ten slotte als paniek bezit nam van zijn lichaam. Zwetend ging hij zitten en las het bericht opnieuw.

Er was maar één verklaring.

Ze zochten hem.

Ze zochten contact.

Van Manen stond op, gooide het raam open en begon als een waanzinnige aan zijn sigaret te hijsen.

De conclusie dreunde door zijn kop en verwoestte zijn wankele heldhaftigheid. Sygma zat hem op de hielen.

18

Kahn dacht aan Margot en nam een slok whisky.

Die routine was standaard. Zonder whisky kon hij haar niet toelaten. Onwillekeurig keek hij naar de plek op het hoektafeltje waar haar foto had gestaan. Geen grote foto, in een bescheiden lijstje gevat, zoals miljoenen mannen het prettig vinden de foto van hun geliefde in hun omgeving te hebben. Vanwege echte liefde of een karikatuur ervan.

Bij Kahn ging het om ware liefde, dat was hem vanaf het begin duidelijk geweest. Geen twijfel, nooit.

Hij keek naar het tapijt naast het tafeltje. Er waren nog sporen te zien. Brandvlekken, hij was te laat geweest om ze te voorkomen. Te laat om de knop in zijn whiskykop om te zetten en te beseffen waar hij mee bezig was.

Het was de enige foto van Margot die hij had gehad.

Ze zat nu een jaar in Austin en nooit had ze gereageerd op zijn mails.

Kahn begreep niet dat liefde van de ene op de andere dag kon smoren. Dat bestond niet. Toch was dat wat Margot had laten blijken, tijdens hun laatste gesprek.

'Ik ga weg.'
'Dat kan niet, we houden van elkaar.'
'Ik hou niet van half, namaak, schijn en schertsfiguren.'

Zoiets had ze gezegd, en hij had nooit begrepen waarom ze hem zo had willen kwetsen.

Natuurlijk, de boosheid was verklaarbaar, zelfs terecht, vond hij later, maar de kilheid waarmee ze afscheid had genomen, had onrecht gedaan aan zijn oprechte gevoelens.

Margot was begin twintig en een buitengewoon aantrekkelijke en talentvolle noviet. Ze stroomde snel door tot assistent-trainer en kwam tijdens een laatste heftige sessie als vanzelf in zijn armen terecht. Een volstrekt natuurlijke gebeurtenis die gevolgd werd door een dagen durende roes van erotiek. Zijn hoofd, zijn buik, zijn handen hadden nog nooit zoiets meegemaakt.

Achteraf stom, naïef, dat wist hij ook wel.

Margot bleek al een uitnodiging voor een stage in Austin op zak te hebben en was een week later vertrokken.

Het was onverdraaglijk.

Kahn wist dat er maar één mogelijkheid was om haar terug te winnen. De aandacht trekken van Austin, laten zien dat hij een winnaar was, zijn vestiging tot een succes maken.

Het paradepaard van Sygma.

19

Pierre Marsman had zijn zorgvuldig opgestelde bericht keer op keer overgelezen en uiteindelijk was hij gaan twijfelen.

De twijfel was aanvankelijk ongericht en diffuus geweest. Er deugde iets niet aan zijn aanpak. Hij had een witte wijn ingeschonken, weer naar zijn scherm gekeken en was in de leren rookstoel gaan zitten. Na vijf minuten had hij zijn ogen opengedaan en was hij eruit geweest.

Hij zou het bericht niet verzenden. Marsman was opgestaan en had het verwijderd.

De blogger zou het niet vertrouwen en in geen geval reageren. Hij begreep donders goed dat Sygma in zijn identiteit was geïnteresseerd en zou ieder risico mijden. Marsman wist dat de man bang was. Doodsbang.

Het moest anders.

Het kon ook anders, had Marsman bedacht. Hij moest binnendoor.

Hij had het vaker gedaan.

Het was strafbaar, maar soms was er geen andere manier om cruciale informatie te verzamelen. Marsman had verzekeringsmaatschappijen ontmaskerd die beleidsmatig uitbetalingen traineerden. Illegale prijsafspraken tussen projectontwikkelaars aan het licht gebracht. Gesjoemel met visquota.

Met de binnendoormethode.

'Ja, u spreekt met doctor Dubois van de Inspectie voor de Volksgezondheid. We maken ons zorgen…'

Een goedgelijkende identiteitspas van de hoofdstedelijke politie is nuttig. Een witte jas in een ziekenhuis. Met documenten zwaaien helpt. Wat ook werkt is de superieuren van secretaresses bij naam kennen en de dames onder druk zetten.

'Henning van het hoofdkantoor, hier. We vragen ons al dagen af waarom die vent de site aan het vervuilen is. Daar gaan we wat aan doen. Geef de gegevens even door.'

Of: 'Met Warendorp, van accountantskantoor Warendorp en Valentijn. We zijn bezig met jullie jaarverslag. Mail me even jullie gebruikers. Gaat om de prognose voor volgend jaar.'

Binnendoor.

Soms lukte het niet, maar meestal wel.

Binnen twee dagen wist Marsman waar de blogger woonde en hoe hij heette.

Tom van Manen.

20

Henri, Klaus en Kahn zaten aan de lage tafel in de witte kamer. Kahn droeg een lang wit hemd en een broek in de kleuren van Sygma. Als enige had hij een glas whisky in zijn hand.
'Ik ben niet enthousiast over de laatste cijfers, Henri. Verklaar.'
Zijn assistent stond op en zette zijn handen in zijn zij. 'Over een paar dagen hebben we weer een Kennismaking en die zit bijna vol. Maar je doelt met name op de doorstroom, als ik het goed begrijp.'
'Dat begrijp je goed.'
Henri knikte. 'Het lijkt inderdaad wat stil te vallen. Vooral na Jij en Ik en Ontwarren zijn er veel uitvallers, en van de weektrainingen moeten we het toch hebben. Het vervolg op de Kennismaking is trouwens bemoedigend.'
'Nogmaals, we hebben het hier niet over onze aanpak op de Intro. Die blijft verre van de Breek en Bouw-gedachte. Op de Intro staan verleiding, zachte overreding en aanmoediging centraal. Het gaat om de intensieve workshops als opstap naar de bovenbouw. Wat zijn je plannen? Wat ga je doen om de doorstroom daarvan te vergroten?'
'Alles staat of valt met de motivatie, Kahn. De workshops zijn erop gericht de kandidaat ervan te doordringen dat hij er nog lang niet is en dat een vervolgcursus een logische stap is. Het lijkt me dat we daar tekortschieten.'
Kahn nam een slok en keek naar zijn glas. 'Een wat platte analy-

se, maar ik kan me er wel in vinden. Binnen één cursusweek dient de kandidaat overtuigd te worden van het feit dat hij de organisatie nodig heeft voor verdere ontplooiing. In die week moet de breekdoctrine zodanig worden uitgevoerd dat hij hunkert naar de bouwfase. Dat hij, zo gezegd, smeekt om de helpende hand van Sygma, in de vorm van een intensief vervolg. Het curriculum erna dient op hetzelfde perspectief te zijn gebaseerd. Dat garandeert verdere doorstroming.'

'Dat heb je mooi verwoord, Kahn.'

'Bespaar me het gelul. Wat wordt je aanpak?'

Henri ging weer zitten en keek even opzij. Klaus hing achterover op de bank en beantwoordde zijn blik niet. 'Ik stel voor de druk tijdens de sessies verder op te voeren, waardoor ook kandidaten met een groot ego en veel zelfvertrouwen wat sneller inzien dat hun zelfbeeld niet klopt.'

'Juist. En hoe wil je dat doen?'

'Onze methoden intensiveren. Langer, later, emotioneler en met meer fysieke inspanning, zodat de in jaren opgebouwde weerbaarheid afneemt en de kandidaat zich, met alle respect, overgeeft.'

'Goed werk, Henri. Wat vind jij, Klaus?'

Klaus ging rechtop zitten. Het was voor het eerst vanavond dat hem wat werd gevraagd. 'Allereerst vind ik dat de woonomgeving van de internen moet worden opgeknapt, daar hadden we het al over. Verder denk ik dat Henri moet oppassen met zijn intensivering. Het gaat uiteindelijk om bouwen, om vooruitgang. Mensen komen hier om geholpen te worden.'

'Je hebt helemaal gelijk, Klaus. Laten we dat nooit uit het oog verliezen. Henri, wat heb je nog meer bedacht?'

De kleine man stond op, liep naar een koelkast in de hoek van de kamer, pakte een glas en schonk er jus d'orange in. 'Een experiment.'

'Een experiment.'

'Ja. Het voortbestaan van de organisatie is afhankelijk van een goede doorstroming, of niet?'

'Dat klopt. Ga verder.'

'Dus moeten we nagaan hoe we die kunnen vergroten. Ik heb al aangegeven hoe we dat kunnen aanpakken in de week dat we de kandidaten onder onze hoede hebben. Nu het experiment. Om onze methode verder te ontwikkelen en verfijnen, wil ik voorstellen die toe te passen op één geselecteerde kandidaat, liefst een neonoviet. Het doel is met een combinatie van technieken de pupil veel sneller en efficiënter dan tot nu toe te helpen, en rijp te maken voor de volgende stap. Een leerproject, niet alleen voor de kandidaat, maar ook voor ons.'

Klaus stond op. 'Ik ruik hier een rioollucht, Kahn. Laten we het grote doel niet uit het oog verliezen: kandidaten helpen een prettiger en succesvoller bestaan op te bouwen. Dát staat in het handboek. Psychische dwang valt daar niet onder. Ik denk dat we de integriteit moeten bewaken.'

'Wacht even, Klaus. Henri, hou voor ogen dat we een organisatie zijn die mensen sterker probeert te maken. We zijn er niet op uit hen te verwonden, ook niet als we hun daarna de helpende hand toesteken. Dat zou strijdig zijn met de Sygmafilosofie.'

'Ik vind het niet kunnen,' zei Klaus.

'Maar aan de andere kant zie ik ook de nuttige aspecten van je voorstel. Het aanscherpen van onze aanpak is geheel conform de voorschriften. We moeten openstaan voor nieuwe kennis en ervaringen, dat komt onze pupillen alleen maar ten goede. We moeten ons blijven ontwikkelen. Maar waar je in de fout gaat, Henri, is de gedachte dat we verdriet of ellende mogen veroorzaken opdat we die weer kunnen verhelpen. Zodat we, met andere woorden, onze eigen markt scheppen.'

'Zo denk ik er ook over,' zei Klaus.

Henri stak zijn hand op. 'In het handboek staat dat we kandidaten moeten begeleiden in hun neergang, en daarna in hun opgang. Daar is toch niets mis mee? Ontwarren werkt ook zo. Eerst verwarren, dan de knopen losmaken.'

'Dat klopt, Henri. Het is soms goed om de kandidaat te confronteren met de twijfel en de chaos. In bijzondere gevallen kan het zelfs nodig zijn om de chaos een handje te helpen, om daarna meer helderheid te kunnen scheppen. Sommigen vragen daar als het ware om, of niet, Klaus?'

'Ik denk dat we een grens overschrijden met dit project.'

'Kahn, je vindt dus dat we het moeten doen?' vroeg Henri.

De leider nam een slok en keek Henri aan. 'Ik ga akkoord als je iemand kunt vinden die gebaat is bij de aanpak. Het gaat in de eerste plaats om de kandidaat. Die moet er de vruchten van kunnen plukken. We streven het geluk van onze pupillen na. Hoe dacht je iemand te rekruteren? Je moet een kandidaat bereid vinden mee te doen.'

'Daar heb ik over nagedacht. Vrijwel al onze cursisten hebben zich opgegeven na actieve werving door partners, geliefden en vrienden. We zullen hen inschakelen om de uitverkorene te helpen de juiste beslissing te nemen. Die taak was tenslotte een belangrijk onderdeel van hun training.'

Kahn knikte. 'Heb je iemand op het oog?'

Henri dacht na. De meeste neonovieten waren niet geschikt. De zwakke plekken waren zo makkelijk te vinden: eenzaamheid, verlies van een geliefde, verlegenheid; de kwetsbaarheid was vaak vlakbij. Daar lag geen uitdaging.

Jongere mensen waren meestal minder bereikbaar. Ze hadden minder tijd gehad om klappen op te lopen en genazen er sneller van dan ouderen. Henri overwoog dat het zinvol zou kunnen zijn om zwakke plekken niet alleen te zoeken, maar ze ook te creëren, om zo de heilzame aanpak van Sygma te kunnen tonen en het bestaansrecht van de organisatie te rechtvaardigen.

Ja, het zou iemand moeten worden die betrekkelijk jong was en nog niet diepgaand beschadigd.

Een harde noot.

De uitdaging was die te kraken.

'Ik vroeg je wat,' zei Kahn.

'Het kennismakingsweekend, over een paar dagen. Ik zal daar iemand kiezen.'

21

Om halftien zette Hella de tv uit en pakte de roman die haar al dagen lag aan te gapen. Een boek van een Zweedse auteur over drie zusters die hun moeder komen begraven en dan ontdekken dat het hun moeder niet was. Hella was halverwege en moest zich ertoe zetten het uit te lezen. Ze had het idee dat de pil van vijfhonderd bladzijden wel wat dunner had gekund. Honderd was eigenlijk wel voldoende voor de magere plot. Het beroerde is dat ook slechte boeken moeten worden uitgelezen als je er eenmaal in bent begonnen. Je weet nooit zeker of het niet nog wat zal worden. Bovendien blijft half gedaan werk aan je kop zeuren.

Na twee bladzijden deed Hella haar ogen dicht. Dat stomme kennismakingsweekend bleef haar toegrijnzen. Sinds ze na lang aarzelen had toegezegd te gaan, overviel het vooruitzicht haar op de gekste momenten. Vandaag nog was er een ouder echtpaar geweest dat haar vroeg of ze een suggestie had voor een verwenweekend in eigen land. Het eerste wat bij haar was opgekomen: een kennismakingsweekend op de Sygmahoeve!

Berry had alle paarden van stal gehaald en veel had ze er niet tegen kunnen inbrengen.

'We moeten niet uit elkaar groeien.'
'Op één lijn komen.'
'Het is vooral leuk, zo'n eerste weekend.'
'Het is geheel vrijblijvend.'

'Het kost geen ruk en bovendien betaal ik, want het was mijn idee.'

'Je doet het voor mij, en de rest is meegenomen, toch?'

Eigenlijk had ze al eerder besloten Berry te plezieren en dan in godsnaam maar te gaan. Hij deed zó veel voor haar dat ze weleens iets substantieels terug mocht doen. En, inderdaad, uit elkaar groeien kon altijd nog, als er niets anders meer op zat.

Berry was haar dankbaar om de hals gevlogen. 'Echt waar? Ik was er eigenlijk van overtuigd dat je het nooit zou doen!'

Onaardig gesteld bleek haar toezegging een mooie investering. Berry was liever en voorkomender dan ooit, zonder klef te worden. Sterker nog, dat 'dichterbij komen' werd al in gang gezet, vooral in bed. Hij bleek technieken te beheersen die volkomen nieuw voor haar waren en haar in een drietrapsextase hadden gebracht. Het was alsof Berry vier handen en tientallen vingers had. Een weekend voor zo'n enerverende en intense ervaring is eigenlijk een koopje, schoot het door haar heen.

Dat betekende nog niet dat ze zich erop verheugde. Hella had besloten zich erbij neer te leggen en op de hoeve vooral het vermaak te zoeken, voor zover dat voorhanden was. En misschien zou ze iets beter begrijpen waarom Berry zo gegrepen werd door de aanpak van Sygma.

Ze stond op en scheurde op haar gemak her en der pagina's uit de tweede helft van het Zweedse boek. Daarna spoelde ze ze door de wc. De rest van het boek kieperde ze in de vuilnisbak. Het was soms heel eenvoudig een probleem op te lossen, bedacht ze tevreden.

En nu mocht de tv tenminste weer aan.

22

Pierre Marsman stond in de portiek en bestudeerde de naambordjes onder de rij drukknoppen. Er waren een paar plaatjes met tuttig gegraveerde namen bij, maar de meeste waren rechttoe rechtaan. Ook waren er anonieme bellen. Marsman vroeg zich af waarom mensen geen naam bij hun bel wilden hebben. Misschien zat er ooit een verhaal in.

Tom van Manen had wel een plaatje, van geplastificeerd papier, met zijn handgeschreven naam erop. Elegant handschrift, vond Marsman, mooi zwierig.

Hij belde.

Bijna tot zijn verbazing kwam er een reactie.

'Ja?'

'Mijn naam is Marsman. Ik ben journalist en zou graag even met u spreken. Schikt het u?'

Het bleef stil.

'Meneer Van Manen?'

Geen antwoord. Uiteindelijk: 'Waar gaat het over?'

'Ik weet waar u tegen vecht. Ik denk dat ik u kan helpen. Zie me als een medestander.'

Weer die pauze.

'Hoe weet ik dat u bent wie u zegt?'

De man was bang. Marsman had niet anders verwacht, hij was erop voorbereid. 'Ik begrijp uw terughoudendheid, meneer Van

Manen. U hebt volkomen gelijk. Helpt het als ik aan de overkant van de straat ga staan? Dan kunt u mij zien en constateren dat ik niet bij de organisatie hoor.'

Pauze.

'Het helpt, maar dan nog weet ik het niet zeker. Misschien bent u wel nieuw. Of blijft er iemand die ik wel ken in de portiek staan. Ik heb trouwens de telefoon in mijn hand en 112 ingedrukt, dat u dat weet. Met één druk op de knop heb ik verbinding.'

'Dat is heel verstandig, meneer Van Manen, en ik heb er alle begrip voor. U steekt heel moedig uw nek uit op uw blog en ik weet ook dat Sygma hier en daar geen beste reputatie heeft. Maar ik kan u helpen.'

Stilte.

'Hoe hebt u me gevonden?'

'Ik ben journalist. Ik bied mijn excuses aan voor het bedrog en de trucs die ik heb moeten uithalen om aan uw adres te komen. Makkelijk was het niet.'

'Het is me te gevaarlijk. Ik ken Sygma. Er is geen enkele garantie dat u bent wie u zegt te zijn. Gaat u alstublieft weg, of ik bel de politie.'

Marsman had gehoopt dat het makkelijker zou gaan, de man was nog angstiger dan hij had verwacht. Het intrigeerde hem. Die doodsangst kwam ergens vandaan, was veelbetekenend. Hij wilde absoluut met Van Manen praten en speelde zijn laatste troef uit.

'Als u wilt dat ik wegga, zal ik dat doen. Maar ik geef u nog één overweging. Ga naar Google, type mijn naam in en druk op "afbeeldingen". Ik ga nu naar de overkant en u zult me herkennen als de journalist Pierre Marsman. Daarna loop ik weer naar de intercom.'

Er kwam geen reactie.

Marsman aarzelde en keek om zich heen. Een gescheurd A4'tje aan de muur. 'Eigen rotzooi zelf opruimen.' Dat had niet geholpen. Er stonden een paar vuilniszakken in het portaal en een stoel met gebroken poten, en in een hoek had zich een stapeltje vuil verzameld waartussen Marsman een condoom herkende.

Hij ging naar buiten, bleef drie minuten op de stoep tegenover de flat staan en deed zijn best niet te nadrukkelijk naar de ramen van het haveloze gebouw te kijken en toch zijn gezicht te tonen aan de onbekende man aan de overkant. Toen liep hij terug naar de portiek en belde opnieuw aan.

Het moest lukken.

'Tweede verdieping, halverwege de galerij.'

Er klonk een zoemer en de deur naar het trappenhuis gaf mee. Binnen een minuut was hij boven.

Marsman zat op een tweezitsbank met stoffen bekleding. Een armleuning was ernstig toegetakeld. De stof bestond uit niet meer dan rafels en loshangende lappen. Hij keek rond of hij een kat zag, maar die was er niet. Of niet meer.

Het vertrek was klein, en eenvoudig ingericht. Niet ongezellig, vond Marsman, maar wat armoedig. Tweedehands. Dat gold niet voor de kleine litho's aan de muur. Zwart-wit, halffiguratief en duister. Marsman voelde zich ongemakkelijk als hij ernaar keek. Alsof hij in een spelonk van Van Manens hersens zat te kijken.

'U zei dat u me kunt helpen,' zei de kleine, magere man.

Marsman knikte. 'Ik ben bezig met een verhaal over Sygma dat zal verschijnen in een landelijk opinieblad. Het artikel zal objectief, maar kritisch zijn. Dat betekent dat ook de negatieve ervaringen van cursisten ter sprake komen. Het lijkt me dat het voor u en uw lotgenoten van groot belang is om landelijke aandacht te krijgen. En daarom ben ik dus hier. U en uw medeslachtoffers, zoals u ze noemt, hebben kennelijk schade opgelopen door toedoen van de organisatie.'

'Dat kunt u wel zeggen.'

Marsman kreeg bijna medelijden met de man. Van Manen zat in een sjofele leunstoel tegenover hem en leek steeds verder weg te zakken. Alsof de stoel groter werd en hij er ten slotte geheel in zou verdwijnen.

'Wat wilt u weten?' vroeg Van Manen.

'Misschien kunt u me in het kort vertellen wat u is overkomen.'

Van Manen zuchtte. 'Het verhaal is zowel kort als eindeloos lang. Het houdt niet op.'

'Ik begrijp het.'

'Nee, dat begrijpt u niet. U hebt geen idee, want u hebt het niet meegemaakt.'

Pierre Marsman was een man met soms te veel zelfvertrouwen, maar dat teveel was er nu afgehakt. 'Neemt u me niet kwalijk. U hebt natuurlijk gelijk.'

Van Manen negeerde het excuus. 'Eigenlijk is het heel eenvoudig. Ik zwalkte al een paar jaar en zocht naar een nieuw doel in mijn leven. Via een kennis kwam ik uit bij Sygma. In het begin voelde ik me er thuis, hun visie sprak me aan. Maar bij de derde training ging het mis. Ik was intern en daar hebben ze me volledig gesloopt, anders kan ik het niet zeggen. Toen ik erin ging, was ik een redelijk gezonde vent die op zoek was naar wat meer zekerheden. Toen ik vluchtte, want zo zie ik het, was ik een wrak. Ik herkende mezelf niet meer, ik was alles kwijt waar ik op moeilijke momenten altijd op terug kon vallen. Begrijpt u? Ze hebben me mijn persoonlijkheid, mijn identiteit afgepakt. Ik kan u vertellen dat dat het ergste is wat iemand kan overkomen, meneer.'

Marsman kon niet meer doen dan even knikken.

'En ik was niet de enige, ik heb er meer kapot zien gaan. Neem die oudere vrouw. Haar afgeknipt, sterk vermagerd en van die wilde ogen, ze zag er niet meer uit. Haar dochter reageerde op mijn blog. "Moeder ligt al weken op de bank. Soms jankt ze zachtjes, maar praten wil ze niet." Begrijpt u, meneer?'

Marsman was op zijn hoede. 'Ik probeer het, maar het valt niet mee.'

'Dan zal ik u nog wat vertellen. Toen ik eruit kwam, was ik finaal van de kaart en heb ik twee pogingen ondernomen, u snapt wel wat ik bedoel. Stom toeval dat ik hier nog zit. En nu slik ik handenvol rotzooi van de apotheek om op de been te blijven. Als ik dat niet doe, raakt mijn kop nog meer in de war dan hij al is.'

'Het moet heel erg geweest zijn wat u allemaal is overkomen. Kunt u vertellen wat er gebeurde op de hoeve, waardoor het zo uit de hand liep?'

Van Manen ging in een ruk rechtop zitten. 'Uit de hand liep? Volgens Sygma liep het helemaal niet uit de hand! Integendeel! Ze vonden het een mooie ontwikkeling dat ik de weg volledig kwijtraakte! Breek en Bouw! Godverdomme, dat breken, daar zijn ze goed in. Bouwen, laat me niet lachen.'

'Wat deden ze? Ik bedoel, hoe kregen ze het voor elkaar om u zo van slag te maken?'

'Pff, van slag maken, als dat alles was. Kijk, meneer, het is een keiharde organisatie, een bedrijf dat op winst uit is. En dan is kennelijk alles geoorloofd. Het is als een sekte. Als ze je eenmaal binnen hebben, doen ze er alles aan je binnen te houden. Met chantage, psychische afpersing en dreigementen. Niet openlijk, ze kijken wel uit, ze hebben een goede jurist in dienst. Nee, tussen de regels en indirect. Maar tegelijk kraakhelder voor wie het jargon kent. "Beste Tom, je weet dat hier de organisatie boven het individu staat. Daar heb je voor getekend. En je weet ook dat Sygma consequent en rechtvaardig optreedt tegen agressie die op de organisatie is gericht. Sygma wint altijd. Doe er je voordeel mee." Dat werd me nog even gezegd vlak voordat ik ermee kapte.'

'Dat klinkt inderdaad nogal onheilspellend.'

'Precies.'

'En welke methoden werden er gebruikt waardoor mensen als u wilden vluchten?'

Van Manen zakte terug in zijn stoel en haalde zijn schouders op. Hij keek opzij. 'Urenlang staan. Soms viel er iemand flauw. Eindeloos Sygmazinnen roepen met de hele groep, in een ruimte die tot boven de dertig graden was verwarmd. "Breek en Bouw! Breek en Bouw!" Ik krijg het nooit meer uit mijn kop, 's nachts dreunt het door mijn hersens. Individuele aanpak met een volslagen onvoorspelbare afwisseling van vriendelijkheid en uitkafferen. Je wist nooit of je het goed deed. Huilen op commando, dat lukt, wist u dat? De tredmolen, drie keer per dag, om je uit te putten. Te weinig voedsel, rare drankjes. Wilt u nog meer horen?'

'Als er meer is, wil ik dat graag horen. Alles kan helpen.'

De man schudde zijn hoofd. 'De kleine dingen, de geniepige trucjes, soms samen juichen, dan alleen, compleet in de war. Ik durf... Ik wil het hierbij laten.'

Marsman begreep dat hij moest wachten. Van Manen zat te hij-

gen alsof de zuurstoftoevoer was dichtgedraaid.
 Een halve minuut later probeerde hij Van Manen aan te kijken. Even lukte dat. 'U vertelde dat u tijdens de derde training bent afgehaakt. Kreeg u niet eerder in de gaten dat er iets niet klopte?'
 Weer kwam de kleine man naar voren. Hij wees naar Marsman. 'Hebt u wel geluisterd? Ze gebruiken alle trucs en een perfecte timing om je ervan te overtuigen dat je reddeloos verloren bent, tenzij je ingaat op hun uitnodiging om door te gaan. En dat doe je dus! Je kunt niet anders.'
 'Ik probeer het te begrijpen. Toch lukte het u zich los te maken.'
 'Ja, dankzij Klaus.'
 'Pardon?'
 'Klaus is een van de masters. Ik denk dat hij in de gaten had dat het niet goed met me ging. Natuurlijk heeft hij niet gezegd dat ik ermee moest stoppen. Wat hij wel zei, was dat ik goed moest nadenken en voor mezelf moest kiezen. Ik begreep de hint en heb het gebaar van Klaus als een grote steun ervaren. Ik zou geen verrader zijn als ik zou vluchten, want Klaus stond achter me. Toen durfde ik.'
 Van Manen zakte weer weg in zijn stoel.

Een halfuur later parkeerde Marsman zijn auto in de Grachtstraat, op korte afstand van het Stadsplantsoen. Hij wilde wandelen, ijsberen als het ware, om de indrukken die hij had opgedaan te ordenen en evalueren. Nooit meteen alle informatie opschrijven, had hij geleerd. Eerst de boel met een dosis ratio doorkammen.
 Het verhaal van Tom van Manen was nieuw voor hem, omdat het zo persoonlijk en gedetailleerd was.
 Aan de andere kant kwam het hem ook bekend voor. De methoden die Sygma gebruikte waren al eeuwen bekend. Een beproefd pakket dat door talloze al dan niet dubieuze clubs wordt gehanteerd om mensen in te palmen, te overreden, te binden, te overtuigen, te veranderen en te onderwerpen. Een subtiele psychologische strategie met elementen van dwang en verleiding, intimidatie, isolatie, desoriëntatie, onvoorspelbare beloning en straf, fysieke en psychische afmatting, langdurige herhaling, groepsdruk, rituelen, uitgelokte euforie, en dat alles gepaard met een bombardement van

emotionele en rationele argumenten. Het brein wordt gesloopt, wat 'de doorbraak' wordt genoemd, en vervolgens geherprogrammeerd.

Het zijn de leerstellingen uit het oude boek *Hoe spoel ik hersens*, wist Marsman, principes die in alle geledingen van de maatschappij worden gebruikt. Elk leger heeft in het boek gesnuffeld, net als alle religieuze bewegingen. Sektes, uiteraard. Maar ook studentenverenigingen en trainers van bedrijvenworkshops hebben het boek weleens opengeslagen. Tot binnen het gezin zijn er snippers van terug te vinden.

Overal wordt de kwetsbaarheid in de ander opgezocht en liefst versterkt, om zo de eigen invloed te vergroten. Alles en iedereen met een heilig doel kan niet anders en doet niet anders. Voordat de boodschap wordt toegediend, moet de macht worden gegrepen. En macht is niets anders dan gebruik maken van de onmacht van de ander. Die zal dus moeten worden aangewakkerd.

Sygma deed dat allemaal vaardig en vindingrijk, had Marsman begrepen. De organisatie had het boek zorgvuldig bestudeerd. De vraag waar het om draaide, was natuurlijk of de aanpak van Sygma moreel aanvaardbaar was. De gehanteerde principes waren niet per se verwerpelijk, besefte Marsman. Als aspecten ervan te beschouwen waren als universeel, als onvermijdelijke elementen van elke sociale relatie, tot in de woonkamer aan toe, dan past een diskwalificatie niet. Dan is er sprake van menselijk, natuurlijk gedrag.

Het ging er niet om of Sygma zich had bediend van methoden uit het boek, maar of de organisatie dat deed met respect voor de psychische integriteit van haar cursisten. Marsman begreep dat daar de crux lag, en hij wist het antwoord niet. Gevoelsmatig neigde hij ernaar de organisatie te veroordelen, maar dat had zeker te maken met de emotionele ervaring van daarnet. Moest hij afgaan op de deplorabele staat waarin hij Van Manen had aangetroffen? Mocht hij op grond van een individueel geval een beweging kapot schrijven die misschien honderden cursisten naar een succesvoller bestaan had geleid?

Marsman kon niet anders dan er rekening mee houden dat Van Manen ook in andere omstandigheden zou zijn ingestort, dat de man geen verweer zou hebben tegen welke situatie dan ook. Ook realiseerde hij zich dat Van Manen onvermijdelijk een subjectief en eenzijdig beeld van Sygma had geschetst, waarbij rancune en verongelijktheid zeker een rol hadden gespeeld.

Hij kwam er niet uit en wist dat hij voor een degelijk verhaal nog lang niet voldoende was geïnformeerd. Hij zou Van Manen later nog eens opzoeken en verder doorvragen.

Hij ging zo op in zijn gedachten dat de muziektent, de treurwilgen en de grote vijver hem ontgingen, en zelfs de prachtige donkere jonge moeder die hem aankeek, met een baby op de heup en een ijsje in de hand. Nog drie keer liep hij hetzelfde traject en ging toen zitten op een bankje dicht bij het water.

Drie meter verderop scharrelden vijf witte ganzen.

'Gak,' zei Marsman.

Ze gaven geen antwoord.

Op dat moment besloot Pierre Marsman dat hij er niet omheen kon.

Van binnenuit. Hij moest Sygma van binnenuit leren kennen.

Vanmiddag zou hij zich opgeven voor een kennismakingsweekend.

23

De zon scheen en dat vond Hella jammer. Een hagelbui met een kille wind was beter geweest, dat paste veel meer bij haar gevoel. Vanaf het moment dat ze wakker werd, was ze chagrijnig geweest. Een vrije zaterdagochtend hoorde een feest te zijn met jus d'orange, de krant, de keukentafel, verse broodjes, en een heerlijk vooruitzicht van een weekend ledigheid. Daar zou deze dagen niets van komen. Haar wachtte uren van aanstellerij op een of andere opgeleukte jeugdherberg. Ze had er echt zin in.

'Je zult zien dat het meevalt. Het best kun je je vooroordeel zolang achter een muurtje parkeren, dat werkte bij mij ook heel goed. Probeer er maar voor open te staan. Niks moet, alles mag tijdens zo'n weekend. En wie weet bevalt het je.'

'Ja, wie weet.'

'Ik vind het zo goed dat je het doet, lieverd. Dat je het voor me over hebt. Je begrijpt straks in ieder geval waar ik altijd zo over zit te zemelen.'

Dat viel nog maar te bezien. Hella was niet van plan als een spons zoveel mogelijk informatie op te zuigen. Ze zou met gezonde scepsis een afwachtende houding aannemen en proberen zonder kleerscheuren het weekend te overleven. Meer kon ze niet opbrengen.

Berry had haar gebracht. Ze zwaaide nog even en wandelde naar de ingang die ze er nogal potsierlijk vond uitzien. De kleurige vlaggen aan weerszijden en de hoge hekken deden haar denken aan een extra beveiligde inrichting. Een kampeerterrein kon ook. Het zou haar niets verbazen als die associaties straks werden bevestigd.

Op de smalle weg werd ze al snel door een andere wandelaar ingehaald. Dat was niet verwonderlijk, ze maakte geen enkele haast.

'Hoi. Ga jij ook naar de intro?'

Hella keek opzij en glimlachte naar de vrouw die nu met haar opliep. Ze was groot, hoekig en blond, oogde rond de vijftig en stampte een beetje met haar voeten.

'Heet het zo? Ik dacht dat ze het een kennismakingsweekend noemden,' zei Hella.

'Klopt. Maar mijn dochter heeft het altijd over de intro. De intro dit, de intro dat. Ze is er nogal vol van. Hallo, ik ben Wendy.'

Dat kan niet, schoot het door Hella heen. Wendy's zijn jong, tenger en breekbaar. Deze vrouw was meer een tank.

'Hallo. Hella.'

'Fijn om je te leren kennen. Ik zag er zo tegen op om hierheen te gaan, ik heb vannacht geen oog dichtgedaan. Stom, hè?'

'Helemaal niet,' zei Hella, die zich stukken beter voelde dan een minuut geleden. 'Ik heb hetzelfde. Hoe komt het dat je er zo tegen opziet?'

'Ach, ik doe het eigenlijk voor mijn dochter. Die is al maanden bezig met die club en is er helemaal lyrisch over. Over ogen die eindelijk opengaan, over psychische blokkades die worden opgeruimd en dammen die worden verwijderd zodat de rivier weer vrijuit kan stromen. Ze spreekt een andere taal, de laatste tijd.'

'Goh, wat toevallig. Bij mij is het ook een beetje zo gegaan. Mijn vriend volgt hier workshops.'

'Workshops? Noemt hij dat zo? Met alle respect, maar volgens mij kun je het beter indoctrinatieshops noemen.'

Hella keek opzij. 'Maar waarom doe jij dan mee, als je er zo over denkt?'

'Kijk, volgens mij krijgen ze allemaal de opdracht om mensen uit hun omgeving zover te krijgen dat ze een keer aan zo'n intro meedoen. En daar is mijn dochter dus in geslaagd. Niet omdat ze erover zat te zeuren, maar omdat ik haar niet meer kon volgen. Ik begrijp haar niet meer, ze is veranderd. En toen dacht ik, laat ik er maar eens heen gaan. Met eigen ogen zien waar ze in terecht gekomen is. Snap je?'

'Ik snap het heel goed,' zei Hella. Ze lachte even en bedacht dat ze met deze vrouw in de buurt het weekend wel door zou komen. Het was alsof ze een rugzak met tien kilo baksteen af mocht doen.

'Heb je de folder gezien van Sygma?' vroeg Wendy.

'Eh... nee. Ik heb wel even op de site gekeken.'

'Je lacht je te barsten als je leest wat ze allemaal beloven. "De relatie met uw partner wordt verdiept en waardevoller. Ook de erotiek zal intenser worden beleefd." Beetje bizar. Mijn man is al tien jaar dood. "Word succesvoller in uw werk." Ik heb helemaal geen werk en wil dat graag zo houden. Ik heb een mooie toelage en ga vijf keer per jaar op vakantie. "U gaat uw horizon verleggen," ook zo een. Wat is dat voor gelul? Ligt die niet goed dan? Heb jij ooit gedacht "Goh, wat ligt die horizon er vreemd bij"?'

Hella lachte. Ze kreeg bijna lol in dit weekend. 'Nee. Ik las op de site dat de puzzelstukken na zo'n cursus weer op de juiste plaats liggen. Ik heb een ontzettende hekel aan puzzelen.'

Wendy stampte nog iets harder en gaf Hella een klap op haar rug. 'Ha! Met jou kan ik praten. Meid, we maken er iets leuks van.'

Dat leek Hella een goed plan. Wel vroeg ze zich af of er in dit strafkamp ruimte was voor leuke plannen.

De ontvangst vond plaats in een klein bijgebouw op het middenterrein. Hella keek om zich heen en schatte de groep cursisten op ongeveer twintig. Op het podium verscheen een kleine man van een jaar of dertig, met donkere krullen en vriendelijke ogen. Mooie man, vond ze. Hij had een tweekleurig colbert aan. De linkerhelft was groen, de rechter zwart.

'Jullie zijn hier allemaal vol twijfels en vooroordelen naartoe gekomen,' zei hij met warme stem. 'En we gaan jullie dit weekend laten zien dat dat helemaal terecht was.'

Gelach.

'Jullie denken misschien: hoe is dat mannetje in dat gekke jasje hier in godsnaam verzeild geraakt. Tja, mensen, dat denk ik zelf ook weleens.'

Beetje gelach.

Niet van Hella. Ze ergerde zich een beetje aan de opzichtige manier waarop die vent een gezellig, ontspannen sfeertje probeerde te bouwen.

'Dit is een kennismakingsweekend. Dat betekent dat jullie met elkaar zullen kennismaken, we willen graag van twintig individuen een groep vormen. Maar ook laten we jullie kennismaken met Sygma. Met het gedachtegoed waar de organisatie voor staat en de vraag wat Sygma voor mensen als jullie kan betekenen. En dat is veel. Want Sygma stimuleert persoonlijke ontplooiing, hechtere relaties, succes in het werk en gezondheid. En hoe noemen we dat, mevrouw daar op de eerste rij? Ja, u?'

'Eh... ik zou niet weten hoe we dat noemen,' zei Wendy. 'Maar u vast wel.'

'Dat noemen we geluk, mevrouw. Sygma stimuleert persoonlijk geluk.'

Zo ging het nog een tijd voort, tot de man van het podium sprong en de zaal in liep.

'Ik wil dat jullie je opstellen in een cirkel om mij heen. Toe maar.'

Daarna stelde hij een ritueel voor waar Hella ongelooflijk de pest aan had.

Het rondje.

Het sloeg nergens op, maar daar werd ze altijd bloednerveus van. Ze wist nooit wat ze moest zeggen, alles wat ze bedacht, kwam haar saai, onzinnig en aanstellerig voor.

'Ik ben Hella en ik werk bij een reisbureau.' Nou en? Dat interesseerde toch niemand? Zelf vergat ze altijd onmiddellijk zowel de namen als de rest van wat er tijdens rondjes werd uitgekraamd.

'Hallo, mijn naam is Hella. Ik heb een geweldige hekel aan dit soort rondjes. Tegen een ander soort rondjes heb ik geen bezwaar, integendeel zelfs.'

Dat zou ze eigenlijk moeten zeggen, maar ze durfde niet. Ze hield het kort en neutraal.

De cursusleider was zelf begonnen. Hij bleek Henri te heten. Wendy heette Werkman, was achtenveertig en had als hobby wijn proeven. Ze gaf Hella een knipoog toen ze het vertelde.

Na de kennismakingssessie was er een staande lunch. Er was soep met groente uit eigen tuin en er waren sandwiches van zelfgebakken brood, belegd met vleeswaar die was verstopt onder diverse soorten sla uit eigen tuin. Ook waren er sapjes, gemaakt van vruchten. Uit eigen tuin.

Vervolgens een rondleiding over het terrein. Die voerde langs de eetzalen, de stallen met wat schapen en geiten en de moestuin, waar een aantal lieden in kleurige kleding stond te wieden. Het boeide Hella maar matig. Ze zag zichzelf al helemaal niet in een gestreepte overall in haar vrije tijd het bonenbed verschonen.

De wandeling eindigde bij een gebouw van bescheiden afmetingen, waar ze binnen werden geleid. Er was een ruimte van ongeveer tien bij tien, ingericht als een soort kantine. Tafeltjes en stoelen, niet ongezellig vanwege de warme verlichting, en in de hoek een lange tafel met flessen en glazen. Hella probeerde van een afstand te ontdekken of er ook wijn bij was, maar geen van de flessen kwam haar bekend voor.

'Dames en heren, lieve mensen,' begon Henri. Hij hield een ellenlang verhaal over verdieping, omgewoelde emoties, voeten in het moeras, het drijfzand waarop onze kille samenleving is gefundeerd en knopen in ons hoofd die om ontwarring vragen. Ten slotte nodigde hij iedereen uit een afsluitend drankje te nuttigen en onderling te delen wat men had beleefd.

'Ga vooral bij elkaar na wat je raakt en geraakt heeft. Neem de ander bij de hand en bied de jouwe aan. Jullie zijn hier samen, jullie doen het samen, vergeet dat niet. Morgen komen we erop terug. En o ja, er is frisdrank en wijn, allebei uit eigen kweek. Veel plezier met elkaar.'

Alsof ze het hadden ingestudeerd stonden Wendy en Hella beiden onmiddellijk op en liepen naar de lange tafel.

'Alleen witte,' zei Wendy.

'Maakt me op dit moment niks uit. Groene mag ook.'

'Zullen we even wat samen delen aan dat tafeltje daar? Ik wil dolgraag horen wat je raakt of geraakt heeft.'

'Prima kontje heeft die Henri,' zei Hella. 'Heeft me echt geraakt.'

'Ja, ik ben ook geïmponeerd door Sygma. Zelf wijn maken, indrukwekkend.'
'Dag dames, mag ik er even bij komen zitten?'
Hella draaide zich half om en keek in de ogen van de man die haar al was opgevallen.
Mager gezicht, zwart haar, lang, een jaar of veertig. Lenig, had ze gezien. Hij glimlachte, maar het viel Hella op dat het geen open, ontwapenende lach was. Hij kon er alles mee bedoelen. Ze had weleens een filmster met zo'n glimlach gezien, nadat hij een kinderlokker had neergeschoten.

24

Er was nog één plaats vrij geweest.

Sygma had laten doorschemeren dat hij dankbaar mocht zijn dat hij er nog tussen geschoven kon worden. Dankbaar was Marsman niet, wel blij dat hij verder kon met zijn research.

Hij had besloten zich onder een andere naam in te schrijven. Marsman genoot enige bekendheid door zijn artikelen over maatschappelijke misstanden. Hij had geschreven over de schaduwkanten van organisaties als Essence en The Secret, en het was te verwachten dat Sygma dergelijke publicaties nauwgezet bijhield. De naam Pierre Marsman zou onmiddellijk alarmbellen doen luiden, wat een ongestoord participerend onderzoek onmogelijk zou maken. Het was onvermijdelijk dat hij undercover zou gaan. Hij had zich ingeschreven als Steven Barend. Als beroep had hij 'tekstschrijver' ingevuld, wat helemaal klopte.

Hij was benieuwd naar de aanpak van Sygma. De bedoeling was natuurlijk de deelnemers enthousiast te maken voor het gedachtegoed en hen over te halen honderden euro's neer te tellen voor vervolgtrainingen die absoluut noodzakelijk waren voor hun verdere ontplooiing.

Vergelijkbare organisaties hanteerden bij introductiedagen meestal direct de botte bijl: lange dagen maken, op het gemoed spelen, intimidatie, aanmoedigen emoties te tonen, gestuurde euforie en meer ingrediënten uit de psychologische ruif. Hij had begrepen dat Sygma anders te werk ging. Een verraderlijk vriendelijke en gemoedelijke introductie, waarna het echte werk kon beginnen tijdens het vervolgtraject, waartoe men verleid werd.

Marsman had zijn Jaguar geparkeerd op de kleine parkeerplaats voor het landgoed. Een moment twijfelde hij. Kon hij niet doorrijden naar het hoofdgebouw? Hij was nogal zuinig op zijn wagen. Dure hobby's had Marsman niet, afgezien van een voorkeur voor prettige auto's. Hij was veel onderweg en vond dat hij zich een auto mocht permitteren waar hij als jongetje al plaatjes van had verzameld.

Het gedoe in het eerste zaaltje had hij wel vermakelijk gevonden. Ene Henri, een jongeman met een mediterraan uiterlijk, had tijdens zijn openingspraatje al zijn charmes in de strijd geworpen, wat vermoedelijk een verstandige zet was, gezien het hoge percentage vrouwelijke deelnemers. Zijn uiteenzetting over de beginselen van de organisatie bracht weinig nieuws. Marsman herkende het jargon van de website. Sygma stond voor een nuchtere, rationele methode die bewezen had te werken bij vele duizenden dankbare cursisten. Zij allen hadden een belangrijke stap voorwaarts gemaakt in het bereiken van hun doelen. Het geluk lag voor het oprapen, je moest alleen even bukken. Verder repte de man over onontgonnen mogelijkheden, vruchtbare gronden en groeimarkten in jezelf.

Grappig was het kennismakingsrondje. Talloze keren had Marsman deel uitgemaakt van zo'n vertoning, en ook nu weer was duidelijk dat de overgrote meerderheid van de aanwezigen stond te stotteren en stuntelen van de zenuwen. Een weinig functioneel ritueel met een baard dat de meeste mensen de stuipen op het lijf joeg. Hij vroeg zich af wie ooit zoiets bedacht had en nog meer waarom het spelletje nog steeds miljoenen keren werd gespeeld. Kom, ik heb een idee, laten we beginnen met een kennismakingsrondje! Wil jij beginnen, Anke? Wat moet ik dan zeggen? Nou, gewoon, wie je bent, wat je doet en zo. Je mag het helemaal zelf invullen, Anke.

Er was een vrouw die Hella heette. Haar achternaam had hij niet verstaan, ze sprak zachtjes.

Interessante vrouw, vond hij. Vanwege haar manier van bewegen, atletisch maar gracieus, en haar gezicht. Vrolijk, zacht, met ogen waar je in wilde kijken.

Ze was hier met een oudere vriendin, zo leek het tenminste. De vrouwen schenen het naar hun zin te hebben, ze zaten elkaar regelmatig aan te stoten en lachten veel. Vaker dan het programma rechtvaardigde, bedacht Marsman, en dat beviel hem wel.

De rest van het formele gedeelte blonk niet uit in originaliteit. Een obligate rondleiding en opnieuw een toespraak met reclame voor de nuchtere en effectieve aanpak van Sygma, geïllustreerd met voorbeelden van persoonlijke succesverhalen. Hij zou er zelf meer van hebben gemaakt. Toch zag hij om zich heen dat de vriendschappelijke en gastvrije benadering effect had. Veel deelnemers knikten instemmend bij de mooie beloften van krullenbol Henri.

Tijdens de informele dagafsluiting keek Marsman nog eens naar de jonge vrouw verderop.

Hij besloot dat hij Hella een hand wilde geven. Om te beginnen.

25

'En, hoe loopt het, Henri?' Kahn stond bij het raam en keek naar de binnenplaats. De eerste bezoekers kwamen uit de sfeerzaal. Dag één zat er bijna op.

'Volgens mij heel goed. Natuurlijk, er zijn altijd een paar deelnemers die de kat uit de boom willen kijken. Een stuk of vijf, misschien. Verzetten zich nog, je kent het. Als pubers, met alle respect, die zich van nature ongemakkelijk voelen als hun een nieuw perspectief wordt aangereikt. Maar driekwart lijkt erg gemotiveerd, een mooie score. En we hebben morgen nog. Meestal krijg ik de rest ook wel mee. Vooral de wisselbehandeling bij het spelonderdeel werkt altijd goed.'

Kahn knikte. 'Wijkt de groep af van wat we gewend zijn, is er nog iets speciaals over te melden? Ik doel op potentiële hoogvliegers, veelbelovende kandidaten die het tot noviet of hoger kunnen schoppen? Heb je talent gezien?'

De kleine man liet zijn gedachten gaan en zag de groep voor zich. Er was hem weinig bijzonders opgevallen en zeker geen uitzonderlijk gedreven talent. Dat kon natuurlijk nog komen bovendrijven, de tweede dag was altijd van cruciaal belang.

Waar hij ook naar had gekeken, was een ander soort talent.
Het liet hem niet meer los.
Het experiment.
Het had zich in zijn hersens genesteld en de hele dag zijn waarne-

ming beïnvloed. Als vanzelf zochten al zijn zintuigen naar een geschikte kandidaat.

Een harde noot.

Het was veelbelovend, concludeerde hij. Een man met voortdurend een sceptische blik in zijn ogen. Jong, en hij lachte niet. Hij zou hem in de gaten houden. Een iets oudere man die een zelfverzekerdheid uitstraalde die ongebruikelijk was bij mensen die in een nieuwe, onbekende omgeving verkeerden. Het zou mooi zijn daar doorheen te breken. Er was een vrouw die alles aan haar laars leek te lappen. Ze lachte wel, maar op de verkeerde momenten. Ze was mogelijk iets te oud voor het experiment. En ten slotte een jongere vrouw die een destructieve bond met de andere was aangegaan. Het was alsof ze haar afstandelijkheid had overgenomen. Henri nam zich voor haar morgen te testen.

'Ik vroeg je wat, Henri.'

'Sorry, kun je het nog een keer herhalen?'

'Heb je talent gezien?'

Henri dacht even na en knikte bedachtzaam. 'Ja, ik heb talent gezien.'

26

Hella keek de lange man vriendelijk aan. 'Natuurlijk, kom erbij zitten.'
Hij ging voor Wendy staan en stak zijn hand uit. 'Steven Barend.'
'Wendy Werkman. Aangenaam.'
Daarna wendde hij zich tot Hella en gaf ook haar een hand. 'En jij bent dus Hella. Hallo Hella.'
'Hoi. Dat je dat nog weet. Ik vergeet die namen altijd onmiddellijk.' Dat was niet helemaal waar. De koppeling 'lange donkere man' met 'Steven' was wel degelijk blijven hangen.
Marsman ging zitten en zette zijn wijnglas op tafel. 'En, hoe bevalt het tot nu toe op de weg naar verlichting?'
Wendy haalde haar schouders op. 'Ik moet het voorlopig doen met die gezellige spotjes aan het plafond. Niets over te klagen, hoor, ze doen hun werk. Maar voor een spectaculair nieuw inzicht in mijn mogelijkheden hebben ze nog niet gezorgd. Maar we zijn natuurlijk pas op de helft. En hoe is het met jou gegaan?'
Hij keek Wendy lachend aan. 'Ik vond het een boeiend programma. Die organisatie heeft het goed voor elkaar, vinden jullie niet? Mooi landgoed, voor een groot deel zelfvoorzienend met hun moestuinen en kleinvee, goeie accommodatie. Ja, het heeft wel iets. En jij, Hella, wat is jouw indruk?'
De man houdt zich op de vlakte, merkte ze. Moest zij dat ook doen? 'Ik heb er nog geen goed beeld van. Het komt ook doordat er

zoveel informatie tegelijk op je af komt. De helft dringt dan niet door, snap je?'

Marsman knikte. 'Ik begrijp je heel goed. Mij duizelt het soms ook. We zijn nog niet thuis in het taalgebruik van deze mensen. Al die klotsende golven, psychische bypasses, roestige ankers, ons denkfalen, progressieve misvattingen en naïeve zelfbeelden, we hebben kennelijk nog een hoop te leren.'

Het bleef even stil.

'Proost trouwens, dames.'

'Een mooie, weloverwogen conclusie, die laatste opmerking,' zei Wendy. 'Daar sluit ik me bij aan. Proost.' Ze stak een moment haar glas in de lucht en dronk het leeg. 'Ik vind het ongezellig, maar ik moet ervandoor. Straks een date met een ondeugende oudere heer.'

'Leuk,' zei Hella.

'Absoluut.'

Een halfuur hadden ze zitten kletsen. Vooral over onbenullige kwesties, alsof ze geen van beiden een stap wilden doen die ook maar in de verte zou lijken op een vertrouwelijke toenadering.

Hella voelde zich op haar gemak, maar besefte dat als ze zich niet beheerste, er onrust op de loer lag. Steven Barend was een aantrekkelijke vent met een groot zelfvertrouwen en een charme die niet gespeeld was, leek haar. Een man met gevarenzones, en daar wilde ze niet in verzeild raken.

Niet zozeer vanwege Berry. Ze had zichzelf doorgaans goed in de hand, ook als er verleiding loerde. Er was niets op tegen het spel een poosje mee te spelen en een flirt te beantwoorden. Onschuldig vermaak dat een avond kon duren, zonder fysieke gevolgen in auto's of portieken. Berry maakte er trouwens geen enkel probleem van als er eens iets spannends voorviel. Vertel! Vertel! Hij vertrouwde haar en zei: 'Het heeft geen enkele zin me zorgen te maken. Als je verlangt naar iemand anders, kan ik dat toch niet wegnemen.' De schat.

Maar een enkele keer ging er een wekker af in haar hoofd. Niet met een belletje, maar met de kreet: 'Niet betreden! Levensgevaar!'.

Op het moment dat Steven Barend haar de hand had gedrukt, was het stomme ding afgegaan.

27

Tom van Manen voelde zich niet goed.
 Zijn maag protesteerde. Dat had hij de laatste tijd vaker en hij vroeg zich af of hij er de dokter mee moest lastigvallen. Er waren natuurlijk ook pillen. Van de reclame op tv begreep hij dat die dingen wonderen deden. Een vrouw van ver in de vijftig had last van brandend maagzuur en slikte. Prompt begon ze te stralen en zag ze eruit als haar mooie dochter. Van Manen had geen dochter. Ook geen mooie zoon.
 Aan het eten kon het niet liggen. Het was zaterdagavond en hij had zichzelf verwend met zijn lievelingshap van de laatste tijd: wortelen, haasbiefstuk en aardappelpuree uit een pakje. Die was wat plakkerig, maar prettig plakkerig.
 Dat hij zorg aan zijn eten had besteed was tamelijk uitzonderlijk. Koken was ooit een hobby van hem geweest, in de periode dat hij het voor anderen mocht doen. Dat was al een poos geleden. Voor zichzelf een mooie tafel verzorgen gaf hem geen voldoening. Van Manen vermeed het zelfs. Armzalig koken zag hij nu als een statement: ik wens met een treurmaaltijd mijn gemoedstoestand te onderstrepen.
 Ook op andere terreinen had Van Manen de neiging zijn mentale gesteldheid te illustreren. Het was alsof hij zichzelf ontrouw zou zijn als hij zich soigneerde. Zo schoor hij zich niet meer de laatste tijd, en weigerde hij naar de kapper te gaan. Het resultaat was een

verlopen jaren-zeventighoofd, als van een allang uitgerangeerde, door de drugs aangevreten popmuzikant. Met zijn kleding benadrukte hij het gekozen imago. Het liefst droeg hij kleren van jaren geleden, toen hij nog tien kilo zwaarder was. De broeken en hemden kwamen van diep in zijn kast, roken muf en slobberden om zijn lijf, maar zaten comfortabel. En de was doen had zijn prioriteit verloren. Zolang hij geen jeuk kreeg, had hij wel iets beters te doen. Van Manen veronderstelde dat hij niet fris rook, maar zelf merkte hij dat niet. Als je een uur boven de stront hangt, ruik je dat ook niet meer.

Hij merkte dat zijn angst groeide. En wat hem verontrustte: het was geen gewone, eenvoudige, verklaarbare angst meer, geen gerechtvaardigde en terechte angst voor een reëel gevaar, zoals tot voor kort. Er sloop paranoia in zijn kop. Ongerijmde angst die niet viel weg te praten of te bagatelliseren. Van Manen besefte dat hij de controle dreigde te verliezen en het gevaar liep te worden overweldigd door het monster van de waan. Hij moest zich dwingen tot logisch denken, tot het eindeloos herhalen van de feiten. Uit alle macht probeerde hij in zichzelf de redelijkheid en alledaagsheid te zoeken. En hij kon niet meer beoordelen waar de grens lag tussen rationele en irrationele angst. Het vrat energie. En het vrat aan zijn maag.

Marsman van laatst, die journalist. Was die wel journalist? Iedereen kon beweren dat hij journalist was en een stuk ging schrijven over Sygma. Er was geen enkele garantie dat de man was wie hij zei te zijn. Ja, hij leek op de foto's op internet. Nou en? De organisatie was machtig en had een lange arm. Iemand vinden die op hem leek, was een peulenschil. Was 'Marsman' een stroman die het terrein kwam verkennen? Hadden ze hem gevonden en waren ze nu de finale afrekening aan het voorbereiden?

De man had zich trouwens behoorlijk verdacht gedragen, bedacht hij.

Geen enkele empathie had hij getoond, geen moment had hij instemmend geknikt of een meelevende opmerking gemaakt. De journalist of wie het ook was, had zijn verhaal aangehoord en daar bleef het bij. Het was verdomme niet niks wat hij allemaal had verteld! Niet één keer 'Wat een klootzakken' of iets dergelijks. Nee, hoe meer hij erover nadacht, hoe zekerder hij was dat er iets niet klopte. Dat de man niet deugde.

Van Manen liep naar het keukentje en pakte een flesje bier. Fuck die klotemaag! Ook zoiets. Hij was meer gaan drinken, de laatste tijd. En hij was helemaal geen drinker, nooit geweest. Met drank en pillen moest hij ze dempen, dempen, dempen, de destructieve gedachten en paniekaanvallen. Half kratje per dag om te overleven, soms meer. C-merk, niettemin een hap uit zijn uitkering.

Sinds gisteren hield hij de gordijnen gesloten. Honderd meter verderop stonden twee flatgebouwen, met tientallen appartementen die een riant uitzicht hadden op zijn woning. Zelfs met een kermisverrekijker zou iedereen die geïnteresseerd was kunnen zien welk merk tandpasta hij gebruikte. Met een telescoopvizier op een geweer kon dat dus ook.

Van Manen nam een slok, liep naar het raam en trok met een vinger het gordijn iets opzij. Het woonerf was verlaten, maar dat zei niets. Er kon iemand achter de poort staan, of achter de huizenrij links. Je wist het nooit. Er was een steeg aan de andere kant, met een paar verwaarloosde manshoge struiken. Een paar dagen geleden had hij iemand gezien die zich erachter verschool. Een rode honkbalpet, onmiskenbaar, tussen de takken. Onbeweeglijk. Een uur lang had hij op zijn knieën over de vensterbank getuurd, maar de figuur had zich niet bewogen. Het was voor Van Manen een bewijs van de vastberadenheid van de organisatie. Daar zat een professional, een commando, niemand anders zou het zo lang in één houding volhouden. Dat de pet uiteindelijk door een jochie van tien uit de struik was geplukt, had hem niet gerustgesteld. Het had immers wel degelijk een spion van Sygma kunnen zijn.

Twee mannen op het woonerf.

Pratend, gebarend.

Van Manen versmalde zijn blikveld tot één vinger.

Mannen met donker haar en snorren. Turken? Bosniërs? Hij had weleens gelezen dat huurmoordenaars vaak afkomstig waren uit voormalig Joegoslavië. Ze waren goedkoop, kundig en hadden geen last van luxe morele overwegingen.

De mannen lachten en een van hen wees in de richting van Van Manens verdieping. Van schrik trok hij zijn vinger terug en bleef als verlamd staan, vergat zelfs het flesje bier in zijn hand.

Minuten later durfde hij weer te kijken.

De mannen waren verdwenen.

Niets meer te zien.

Niets te horen.

Tom van Manen zuchtte en ging op zijn bank zitten, in de hoek, de favoriete plek van Bush, zijn poes die een jaar geleden door een ongeluk was omgekomen. Het dier had zich op het verkeerde moment opgehouden onder de toen al vervallen wipkip op het woonerf. Van Manen had het gegil gehoord van de dikke jongen die hij kende van de overkant.

Bush had eerst Kennedy geheten. Maar toen hij als volwassen kat nog steeds bleef krabben en zeiken had Van Manen zijn naam veranderd. Het beest luisterde toch niet.

Van Manen nam een slok en merkte dat hij enigszins tot rust kwam.

Het zei allemaal niets.

Lachende mannen op straat. Mannen met snorren, ja. Goh, wat onheilspellend.

Doe normaal!

Doe normaal!

28

'Hoe ben je hier eigenlijk?' vroeg Pierre Marsman.
Hella keek onwillekeurig op haar horloge. 'Mijn vriend heeft me afgezet. En als ik hem bel, komt hij me ophalen. Het is niet ver.'
'Je hoeft hem niet te bellen.'
'Pardon?'
Marsman keek haar glimlachend aan. 'Je kunt met mij meerijden.'
'Dat hoeft niet, hoor. Berry komt me met plezier oppikken.'
'Laat Berry maar genieten van zijn vrije zaterdag. Waar woon je?'
Hella vertelde het.
'Daar kom ik praktisch langs. Even de rondweg af, dat is alles.'
Hella schudde haar hoofd. 'Het is echt niet nodig, Steven.'
'Ik had gehoopt nog een poosje met je te kunnen kletsen. Dat je het misschien leuk zou vinden om nog ergens aan te leggen om de eerste dag mooi af te sluiten. Hapje, drankje. Wat vind je?'
Dit was niet eenvoudig, bedacht Hella. Berry verwachtte een telefoontje. Hij zou razend benieuwd zijn naar haar belevenissen en zich verheugen op het uitwisselen van Sygma-ervaringen. Ze kon het uittekenen. Hij zat nu ongetwijfeld aan tafel, met zijn mobiel voor zijn neus. Toe maar, Hella, bel maar! Ik kom eraan!
Aan de andere kant was er niets op tegen als ze nog een uurtje met een lotgenoot de dag zou doornemen. Eigenlijk een heel begrijpelijk en voor de hand liggend idee. Als Wendy het had voorge-

steld, had ze het ook leuk gevonden. Dus, waarom niet?

'Hallo, ben je er nog?' Marsman sprak zachtjes. 'Ik weet een leuk tapasrestaurantje in de Oosterstraat.'

'Hm.' Ik ben niet getrouwd, dacht Hella, en ik ben eigen baas. Verder is het heel normaal om nog een afzakkertje te nemen. Bovendien heb ik honger en ontzettend veel zin in tapas.

'Hella?'

'Goed. Ik ga mee.'

Ze pakte haar mobiel en belde Berry.

Hij nam het bewonderenswaardig goed op.

Het etablissement was niet groot en tamelijk schaars verlicht. Op een bar stond een aantal gerechtjes uitgestald, bedoeld als bloemlezing van wat er zoal te bestellen was. Langs de muur tegenover de bar stonden zachte banken met tafeltjes. Achter in de ruimte stonden een paar comfortabele stoelen rond een open haard, die brandde. Hella was er eerder geweest en wist dat er zelfs in augustus soms werd gestookt.

Naast de bar lag een hond met een touwtje om de nek. Er hing een kaartje aan waarop stond dat zij Nel heette en deel uitmaakte van de staf, in de functie van gastvrouw. Ook stond erop dat Nel niet blafte en niet beet.

Het was druk, dus Hella en Pierre sloten aan bij de staande gasten in de buurt van de bar.

'Ik haal eerst even een drankje,' zei Marsman. 'Waar heb je zin in?'

'Vruchtenwijn uit eigen tuin. Maar dat hebben ze vast niet. Doe maar een witte.'

'Droog, demi-sec of wat zoeter? Bourgogne, of meer naar de Bordeaux toe? Beter nog: een mooie uit Andalusië, tenslotte doen we Spaans vanavond.'

Hella grinnikte. 'Gewoon een witte. Kies jij maar.'

Toen even later twee vrouwen achter in de zaak aanstalten maakten te vertrekken, keek Pierre haar aan, trok zijn wenkbrauwen iets op en knikte in de richting van de vrije stoelen.

'Ja,' zei ze.

De vlammen in de haard waren echt, het houtblok niet. Als je goed keek, kon je de gaatjes zien waar het aardgas uit kwam. Hella had helemaal geen behoefte om haarden te bestuderen. Ze genoot van het wapperende vuur en leunde achterover in haar stoel met een glas halfdroge witte wijn uit de buurt van Sevilla in haar hand. Cordoba kon ook, dat was haar alweer ontschoten.

Pierre zei niets en keek net als zij naar de vlammen.

Zo moest het blijven. Wijn drinken in een lekkere stoel, geroezemoes en flarden van een Argentijnse tango, verleidend maar niet dwingend, een anonieme omgeving en een zwijgende man naast je van wie je niets wist en die je rozig en met al je creativiteit bij elkaar kon fantaseren.

Vlammen die je probeerde te betrappen op herhaling, wat nooit lukte. Hella genoot van het heerlijke cliché waar ze in was beland en waar talloze getrouwde berouwvrouwen een moord voor zouden doen.

Zwijg, Steven Barend, zwijg. Laat me genieten. Vraag me niets, haal me niet dichterbij, laat het zo. Vraag vooral niet wat voor werk ik doe of hoe ik me voel.

'Hm.' Het was niet meer dan een zacht geluid, alsof het Pierre ontsnapte.

Hella reageerde nauwelijks, ze knikte even.

'Hoe is het met je?' Hij keek niet opzij, liet de vraag gewoon voorzichtig vallen.

Hella keek in het vuur en wilde haar antwoord niet kwijt. Ze wist het niet en ze wist het wel.

Anderhalf uur, een paar glazen en wat tapas later, de honger was allang gezakt, zei Hella dat het zo langzamerhand tijd werd.

'Waarvoor? *Make my day.*'

'Dat zul je zelf moeten doen, de mijne zit er wel op. Ik ga naar huis.'

'Dan breng ik je. Mag ik je een laatste glas aanbieden?'

Vooruit. Ze had een beslissing genomen, de druk was eraf. 'Een laatste.'

Marsman stak zijn hand op.

'Het was wel te merken, vandaag,' zei hij.

'Wat was te merken?'

'Dat je niet voor jezelf meedoet aan het programma. Jullie maakten overal een grap van. Dat doe je niet als je wanhopig in de knoop zit en steun zoekt bij zo'n club.' Marsman keek haar glimlachend aan. Weer die vreemde lach.

'Je hebt me door. Ik doe het voor Berry. Hij is intensief met allerlei trainingen bezig en het leek me goed om te gaan kijken waar hij zo vol van is. Soms is hij compleet euforisch, maar kan hij niet uitleggen waardoor. In ieder geval niet aan mij, omdat ik de taal niet spreek, zoals hij dat noemt.'

Marsman knikte.

'En jij?' vroeg Hella. 'Doe jij ook mee om iemand anders een lol te doen? Jij maakt ook niet direct de indruk van iemand met destructieve wortels die zichzelf ontrouw is en vanwege gebrekkige eigendunk de reddingslijn zoekt die door een grondige reorganisatie van zelfpercepties wordt aangereikt.'

Marsman lachte. 'Je hebt gelijk. Ik verkeer niet in het drijfzand van de verblindende misconcepties en onopgeloste enigma's. Maar ik doe het niet voor mijn partner. Sterker nog, ik heb geen partner.'

'Voor een ander dan. Familielid? Vriend?'

'Nee.'

'Dus je doet het voor jezelf. Maar niet omdat je de organisatie nodig hebt. Dat maak je hun misschien wijs, maar mij niet. Vertel het maar, Steven Barend. Ben je een mol? Moet je de deelnemers in de gaten houden en over hen rapporteren? Speciale missie van de recherche? Kom op.'

Marsman zuchtte. 'Ik ga je iets vertellen waar je absoluut je mond over moet houden. Denk je dat je dat lukt?'

'Dat weet ik niet. Hangt ervan af wat het is.'

'Laat dan maar.' Hij nam een slok en aaide de hond die naast zijn stoel was gaan liggen. 'Dag Nel. Je bent een lieve gastvrouw. Zal ik jou eens wat vertellen? Ja?'

Nel kwispelde.

'Ik weet dat je het niet doorvertelt. Daar vertrouw ik op, Nel. Moet je horen. Ik ben journalist en doe onderzoek naar Sygma.

Daarom zit ik dit weekend op de boerderij. En nee, dat weten ze niet. Dat weten ze niet, de baasjes, hè Nel?'

Nel kwispelde nog steeds.

'En ik heet eigenlijk Pierre. Pierre Marsman. Maar dat weten ze niet bij Sygma, Nel. Weten ze ook niet, hè?'

'Je bent gek,' zei Hella. 'Ik moet je een workshop Ontwarren aanbevelen.'

'Dat zou niet helpen. Ik ben niet meer te ontwarren, het is hopeloos.'

'Je begrijpt dat ik mijn mond houd. Maar ik snap eigenlijk niet waarom je mij dit allemaal vertelt. Beetje dom, lijkt me.'

'Ik heb het alleen aan Nel bekend. Je hebt ons zitten afluisteren, dus je moet de zaken niet verdraaien.'

Ze lachte. 'Sorry, Steven. Pierre, bedoel ik.'

'Even serieus. Ik zit hier niet met zomaar een medecursist te praten, maar met jou, iemand die... nou ja, ik wil geen spelletje spelen tegenover jou.'

Hella was even van haar apropos. Ze wilde niet nadenken over dubbele bodems en verborgen agenda's. 'Keiharde journalist gaat undercover en vertelt al na een paar uur aan een vrouw wie hij is en wat hij doet. Slechte film.'

'Je hebt gelijk,' zei Pierre. 'Maar ik kan het niet laten. Ik hou van B-films. Vind je het erg?'

Ze vond het niet erg. Het had wel iets schattigs. Sterke vent, toch een beetje onbeholpen. 'Nee, hoor. Zullen we gaan? Morgen een zware dag. We gaan spelletjes doen, begreep ik.'

'Niet een laatste?'

'Niet een laatste.'

Toen de auto stilhield, stapte Pierre uit, liep hij om en deed het portier voor haar open. 'Zal ik je morgen oppikken?'

'Nee, dank je. Berry brengt me.'

'*Lucky* Berry.'

'En *lucky* me.'

'Welterusten en tot morgen, Hella. Ik vond het leuk.'

'Ik ook.'

En toen stonden ze een moment tegenover elkaar. Aarzelend stak Hella haar hand uit.

'Vluchtige kus?' vroeg Pierre.

Hella gaf er een. Beter het initiatief nemen dan afwachten wat je overkomt.

Even later liep ze naar de ingang van haar flat.

Onwillekeurig glimlachte ze.

Je bent een uitslover, Pierre Marsman. Met je wijnpraatjes en je Jaguar. En met dat lachje van je.

29

Berry kwam stralend op haar af. 'Dag lieverd, hoe was het?'
Ze moest omschakelen en dat viel haar niet mee. Daarnet had ze zich nog kunnen verschuilen in een sfeer van lichtvoetigheid, gelardeerd met milde grappen en eenvoudig plezier. Nu moest ze aan de bak. Ze stond bepaald niet te trappelen om diep op haar ervaringen in te gaan, maar Berry had recht op haar verhaal.

'Je weet met welke instelling ik erheen ging. Maar het viel me mee,' zei Hella, en ze meende het.

'Dat doet me goed. Ga zitten, ik ga een drankje voor je halen. Witte wijn? Of mag je niet drinken? Ik weet niet hoe ze het nu doen.'

'We hebben zelfs daar wijn zitten drinken. Uit eigen tuin. Ik heb wel vooraf een soort contract moeten tekenen, maar daar stond niets in over wijn.'

'Hm. Wat stond er wel in?' Berry zette een glas voor haar neer.

'Ik heb het niet goed gelezen. Iets van "wat we hier doen, blijft onder ons, zodat ook toekomstige deelnemers open en onbevooroordeeld met ons kennis kunnen maken". Lekker, dank je.' Hella nam een slok en realiseerde zich dat ze het rustig aan moest doen.

'Vertel, wat hebben jullie allemaal gedaan?'

Hella gaf een tamelijk gedetailleerd verslag van de gebeurtenissen, met uitzondering van de grappen die ze met Wendy had uitgewisseld. Berry onderbrak haar soms met 'Was het Henri, die...' of met 'O ja, dat vond ik toen ook leuk.'

'En op het eind werd het heel gezellig, alsof we wat te vieren hadden,' zei Hella.

Berry knikte. 'Dat hádden jullie ook. Jullie zijn nu ingewijd, alsof je het lidmaatschap hebt veroverd. Ik herinner me dat ik bij die afsluiting een paar wildvreemden om de hals viel, zo blij waren we, kun je het je voorstellen?'

Dat kon ze niet, zo'n feest was het nou ook weer niet geweest.

'Goeie vent, Henri, vind je niet?'

Hella zweeg even. 'Ik ken hem nog niet goed. Het zou kunnen.'

Berry zat tegenover haar en boog zich naar voren. 'En, zeg eens eerlijk, wat vond je er nou echt van? Ik bedoel van hun benadering, van de boodschap? Van het perspectief dat je veel meer van je leven kunt maken dan je dacht?'

Ze haalde haar schouders op. 'Ik heb niet alles begrepen wat er werd gezegd, het ging zo snel en het was zo veel. Misschien ben ik nog niet genoeg thuis in het taalgebruik.'

'Dat begrijp ik, lieverd. Je krijgt een waterval van theorieën en praktische uitwerkingen over je heen. Het is inderdaad niet makkelijk om dat allemaal in één keer te behappen. Maar maak je geen zorgen. Zeker als je hierna een stapje verder gaat, zal het hele verhaal vanzelf helder en volkomen logisch worden. Het wordt dan een deel van jezelf, dat is heel wonderlijk. Maar goed, we hebben het over je eerste dagje! Proost! Gefeliciteerd!'

Hella pakte haar glas en stak het even omhoog. Ze nam geen slok.

'En hoe voel je je nu? Ben je een beetje tevreden? Ben je blij dat je het toch hebt gedaan?'

'Misschien moet je me dat morgen vragen, Berry, ik ben pas op de helft. Nu ben ik voornamelijk uitgeteld.'

Hij knikte. 'Heel begrijpelijk, en zo hoort het ook. Het geeft aan dat je je hebt ingezet.'

Berry drong niet verder aan en ze was hem er dankbaar voor. Ze gooide haar glas leeg in de gootsteen en liet zich meevoeren naar bed, en vervolgens naar exotische werelden daar ver voorbij. Sygma kroop in een hoek van haar geest en verdampte gaandeweg, naarmate haar buik de macht overnam. Ten slotte was ze alleen nog maar buik.

Het duurde lang voordat Berry haar de kans gaf in slaap te vallen. Dat gebeurde tijdens een kus die energiek begon, zachter werd, vertraagde, in al zijn warmte bevroor en uiteindelijk samen met Hella in coma viel.

30

Voor zijn deur was een parkeerplaats waarvan alleen met een speciale vergunning gebruik mocht worden gemaakt. Pierre Marsman had die vergunning al jaren, dankzij zijn beroep als journalist, en connecties. Vooral dat laatste.

Hij parkeerde achteruit in en probeerde de Jaguar zo dicht mogelijk langs het metalen hekje te plaatsen dat de kade van de gracht scheidde. Het viel hem niet mee. Meestal lukte het in één keer.

Normaal gesproken reed Pierre Marsman niet als hij gedronken had. Zo zei hij het ook altijd op feestjes. 'Ik rij niet als ik een glas drink. Oké, misschien bij hoge uitzondering.' En dan nam hij een taxi naar huis.

Het was geen slemppartij geweest vanavond, maar hij had zich niet aan zijn principe gehouden. Marsman vroeg zich af of er sprake was van uitzonderlijke omstandigheden en wat die dan wel waren. Toen hij naar de voordeur liep, besloot hij daar in zijn favoriete stoel met een goed glas whisky eens ernstig over na te denken.

De woonkamer was ruim, zo'n zestig vierkante meter, en had uitzicht over de gracht. Schuin aan de overkant was een bescheiden plein, omzoomd door historische panden. In één daarvan, wist Marsman, had de plaatselijke bisschop zijn hofhouding. Vanaf zijn dakterras had hij een nogal gênante inkijk in een van de kamers. Er hing een kroonluchter en soms sigarenrook. De prelaat had dan vertrouwelijk bezoek. Het was goed te zien met het kijkertje dat

Marsman daar in een buitenkast had liggen.

Marsmans woonkamer was zorgvuldig ingericht, modern noch klassiek. Tapijt in herfstkleuren, drie zachte banken die bezoekers soms met India associeerden, twee stoelen, designkasten. En verlichting waar hij over had nagedacht.

Hij had de keuze uit drie varianten:

'Gewone verlichting': de alledaagse variant. Stofzuigen, werken.

'Sfeervolle verlichting': rustige momenten, vrije tijd. Luisteren naar goede muziek, lezen.

'Intieme verlichting': speciale gelegenheden. Bijzonder bezoek.

Marsman koos voor de middelste variant, schonk een glas whisky in en ging zitten. Hij deed zijn ogen dicht en liet de saillante momenten van de afgelopen dag voorbijkomen.

Het introductieprogramma was hem niet meegevallen. Tamelijk warrige verhalen, doorspekt met een hoop pseudopsychologie en nepfilosofie. Misschien maakte het een geleerde indruk op leken, maar leek was hijzelf allang niet meer. Het viel hem op dat er nauwelijks druk op de deelnemers was uitgeoefend. De trainers hielden de sfeer verdacht vrijblijvend. Mogelijk dat de toonzetting morgen zou veranderen, hij zou wel zien.

En dan het bijprogramma, dat geheel bestond uit Hella.

Ja, moest hij concluderen, er was wel degelijk iets uitzonderlijks voorgevallen. Hella was een van de weinige vrouwen die hem een gevoel van kwetsbaarheid hadden bezorgd. De vorige was een lerares Nederlands van drieëntwintig op zijn middelbare school. Hij was toen zestien en totaal geobsedeerd door haar borsten.

Het was vandaag bijzonder geweest, maar niet verontrustend. Hij had zich snel herpakt en zich er met een grap uit gered. Het moment van zwakte had maar even geduurd, maar had hem toch verbaasd. Natuurlijk had hij voor zich moeten houden dat hij een journalist op een missie was. Het was stom en onprofessioneel om dat te vertellen, het paste niet bij hem. Hij was zichzelf niet geweest.

En toch had Marsman geen spijt van zijn openhartigheid. Hij had gemerkt dat het de intimiteit, die voorzichtig tussen hen was ontstaan, versterkt had. Hij had het gevoel dat zijn geheim veilig was. Het meest verrassende voor Marsman was dat hij zich geen zorgen had gemaakt op het moment dat hij de controle kwijt was. Een nieuwe ervaring, realiseerde hij zich.

Het leek erop dat Hella iets bij hem had losgepeuterd wat er mogelijk altijd had gezeten, maar waar hij zich niet van bewust was geweest.

Marsman nam een slok en keek om zich heen. Even had hij de aanvechting de verlichting een tandje terug te draaien, in de richting 'intiem'.

Het was niet verontrustend en goed beschouwd verre van spectaculair wat er vandaag was voorgevallen. Bovendien was hij zichzelf allang weer de baas.

Toch bespeurde hij een lichte opwinding.

Hij verheugde zich op de tweede dag, godbetert.

31

Het was heiig en de zon aarzelde. Voorlopig deed zij het rustig aan op deze vroege zondagochtend.

'Jij hebt de lijst,' zei Charly Voronin. 'Hoe heet hij ook al weer?' Hij stak een sigaret op, nam een trek en gooide hem weg. Vorige week was hij gestopt met roken.

Voronins wortels lagen voor een deel in Oost-Europa. Zijn vader was een Rus die aanvankelijk had gewerkt op een boorplatform in de Zwarte Zee voor de kust van Bulgarije. Er waren drie overlevenden geweest toen het gevaarte na een aanvaring door een containerschip instabiel was geworden en in zee was gestort. Oleg Voronin belandde via Duitsland in Rotterdam, waar hij werk vond in de haven. Drie maanden later werd hij verliefd op de andere wortel van Charly: Annie Haandrikman. Ze werkte onder de naam Matahari in een club op Katendrecht, de wallen van Rotterdam. Ze was lang, blond en mooi, zij het alleen als het licht gedempt was.

Annie was naar een troosteloze flat verhuisd toen bleek dat het verval niet meer was te maskeren. Haar man raakte ze kwijt nadat hij door een onhandige manoeuvre in een scheepsruim negen meter naar beneden viel. Hij brak zijn nek en daarmee haar hart.

Charly Voronin was net zo blond als zijn moeder en gooide de lok voor zijn ogen elke paar seconden opzij, ook als er geen reden voor was. Hij had de lengte van Annie en de kracht van de oude Oleg. Voronin was achtendertig, niet onaantrekkelijk, maar sociaal onhandig. Hij viel op vrouwen die op zijn moeder leken, maar die wilden hem niet.

Sygma wel. Een oude schoolvriend had hem een keer meegenomen en daarna was het hard gegaan. Voronin was in een warm bed terechtgekomen. Het was niet zozeer de boodschap van de organisatie, als wel het familiegevoel dat hem aansprak. Al snel deed hij onbetaald werk voor Sygma en nu had hij zelfs een officiële functie, als medewerker van de afdeling Veiligheid en Protocol. Zijn loyaliteit aan Sygma was onvoorwaardelijk. Hij zou zijn leven geven voor de organisatie.

'Van Manen. Tom van Manen. Woont op Meerpaal,' zei zijn maat Werner.

'Op meerpaal. Waar slaat dat op?'

'Staat op de lijst. Tom van Manen, Meerpaal 224.'

'Laten we dan maar gaan,' zei Voronin. 'Weet jij waar dat is?'

Werner knikte. 'Kutbuurt aan de andere kant van de stad. Er woont een kutneef van me met een kuthond en een kutwijf. Hij heeft ook een stuk of vier kutkinderen, als het er inmiddels niet meer zijn. Kutzooi.'

Werner was een stuk jonger dan Voronin. Ze kenden elkaar uit de kroeg, en toen Voronin merkte dat de jeugdige puistenkop gek dreigde te worden vanwege verkeerde pillen, had hij zich verantwoordelijk gevoeld. Er was een uitweg, zelfs voor een slungelige, wat dommige, onzekere schlemiel op wie niemand zat te wachten.

Sygma had wonderen verricht. Werner was twee jaar later weliswaar niet slimmer geworden, maar zijn zelfvertrouwen was enorm gegroeid. De zweetzaal en de tredmolen hadden hem tot een atleet gemaakt en het leek of de extraviet hem van zijn acne af had geholpen. Werner slikte inmiddels andere pillen en had zijn stoornis, die zich uitte in onvoorspelbare woedeaanvallen, redelijk onder controle. Hij was een van Sygma's trouwste volgelingen geworden.

Sygma had geoordeeld dat beide mannen intellectueel gezien onder de standaard bleven die de organisatie hanteerde en daarom niet in aanmerking kwamen voor de meeste vervolgtrainingen, laat staan voor een aanstelling als trainer of staflid. Maar hun beperkte mentale gaven stonden een functie bij de afdeling Veiligheid en

Protocol niet in de weg. Integendeel. Het was eenvoudig gebleken hen in een sterke afhankelijkheidspositie te brengen, en in combinatie met een psychische injectie met elementen van de basisfilosofie had dat hen in korte tijd tot loyale soldaten van Sygma gevormd. Ze bleken bij uitstek geschikt voor relatief eenvoudige opdrachten en hadden door hun inprenting geen last van de moreel-ethische ballast waar veel mensen mee kampen.

Een halfuur later belde Voronin aan. De rommelige galerij en de haveloze deur vielen hem niet op. Hij woonde zelf in een soortgelijk gebouw, in een buurt die nog slechter bekendstond.

De vrouw die opendeed, had een sigaret in haar mond. Ze zag eruit als zestig, maar Voronin sloot niet uit dat ze twintig jaar jonger was. Haar badjas sloot niet goed, wat uitzicht gaf op een decolleté zonder beloften. Ze was mager en had grijs haar dat in krullige slierten over haar schouders viel.

'Ja?'

'Goedemorgen, mevrouw,' zei Voronin vriendelijk. 'We zijn hier voor Tom. Is hij thuis?'

De vrouw haalde de sigaret uit haar mond. 'Wie?'

'Tom. Tom van Manen. Die woont hier toch?'

Ze keek hem aan of hij gek was. 'Je belt me godverdomme uit mijn bed en ik lag er nog maar net in, idioot! Zijn jullie jehova's of zo? Waar slaat dit op? Ik heb geen belangstelling, welterusten.' De vrouw maakte aanstalten de deur dicht te doen.

'Ho, mevrouw, een moment.' Voronin zette zijn voet tegen de deur en duwde hem weer open. De vrouw duwde terug maar had geen schijn van kans. Binnen een paar seconden stonden de mannen in de hal. Werner sloot de deur achter zich.

'Hoe heet je?' Voronin sprak nu luider.

'Ik...' Ze stond tegen de muur gedrukt en had de kraag van haar badjas met beide handen tot over haar mond omhooggetrokken.

'Je naam. Je naam!'

'Vera,' fluisterde ze.

Voronin greep haar arm beet en kneep. 'Vera wie? Vera van Manen?'

Ze schudde haar hoofd en kroop nog verder in haar jas.

'Vera wie! Je naam! Ik wil het horen! Nu!'

De vrouw begon zachtjes te huilen.

Voronin pakte ook haar andere arm beet en hield zijn gezicht een paar centimeter van het hare. 'Vera wie! Waar is Van Manen! Van Manen!'

Ze deed haar ogen dicht en dreigde in elkaar te zakken. De sigaret was uit haar hand gevallen.

'Blijf staan!' schreeuwde Voronin. 'Waar is Van Manen!'

Er kwam geen reactie. De vrouw had haar kin op haar borst laten zakken.

'Werner, nou jij maar even.' Hij liet de vrouw los.

Zijn assistent legde een hand op haar schouder. 'Vera,' zei hij zachtjes, 'sorry voor mijn maat. Hij heeft problemen thuis, daarom is hij wat opgefokt. We doen je geen kwaad, echt niet. Wil je dat van me aannemen?'

Bijna onmerkbaar knikte ze.

'En jij, Charly, bemoei je er even niet mee. Ben je besodemieterd! Waar ben je mee bezig? Ze is helemaal in paniek door dat geschreeuw van jou, klojo!' Hij maakte een wegwerpgebaar. 'Zo,' fluisterde Werner. 'Je hoeft niet meer bang te zijn, Vera. Het zou fijn zijn als je me vertelt waar Tom is.'

De vrouw slaagde erin hem een moment aan te kijken. 'Tom?' Ze was nauwelijks verstaanbaar.

'Ja, Tom.' Hij wachtte rustig af.

'Er was een Tom... vannacht...'

Werner aaide even over het touwachtige haar op haar voorhoofd. 'Heel goed, Vera, vertel.'

Ze knikte en snikte eenmalig. 'In de Benzinebar.'

'De Benzinebar?'

'Ja.' Vera keek naar de grond. 'Een uur of vijf. Hij wilde me... hij wilde me...'

'Wat wilde hij, Vera, wilde hij met je naar bed? En heeft hij je meegenomen naar zijn huis? Ligt hij nog in bed?' Werner keek rond in het halletje. Er waren drie deuren. 'Het komt allemaal goed, Vera,' zei hij vriendelijk.

Haar lichaam begon onregelmatig te schokken en ze had geen

controle meer over haar snotneus. Hij druppelde.

'Is Tom thuis?' vroeg Werner zachtjes.

Ze schudde haar hoofd. 'Tom is... Tom is... Met hem ga ik niet slapen. Hij is... gestoord.'

'Dat hadden we ook begrepen. Maar wat doe je dan hier, Vera? Waarom ben je met hem meegegaan?'

Voor het eerst keek ze Werner wat langer aan. 'Wat bedoel je? Ik ben niet met hem meegegaan.'

Hij glimlachte. 'Sorry, ik begrijp dat het laat geworden is. Ik ben ook weleens op een verkeerde plek wakker geworden, maar ik moet je toch echt verklappen dat we hier in de woning van Tom zijn.'

'Nee! Nee!'

Werner zuchtte. 'Luister, Vera. Ik word hier een beetje chagrijnig van. En als ik chagrijnig word, gebeurt er iets raars in mijn hersens, daar word ik voor behandeld. Maar soms helpen die pillen niet, Vera. De dokter zegt dat ik een psychopathische persoonlijkheid heb. Zegt je dat iets?'

Ze begon te trillen. Eerst haar handen, toen haar armen en schouders.

'Dus ik vraag het je nog één keer. Waar is Tom van Manen?'

Er liepen een paar tranen over haar gezicht, dat grijs was van angst. 'Niet... Tom van Manen...' Ze was bijna niet te verstaan. 'Tom Weening. Hij... woont hier niet... ergens bij het Noorderpark, ik... ik... weet het niet. Ik woon hier. Dit is... mijn huis. Ik begrijp het niet.'

'Dit is jouw huis en Tom van Manen woont hier niet? Charly, wil jij die kamers even checken? Als we Van Manen hier vinden, Vera, trek ik je kop eraf.'

Ze trilde nog steeds. 'Ik ken hem niet. Ik woon hier nog maar een week,' fluisterde ze.

Voronin kwam terug. 'Niks.'

Er ging Werner een lichtje op, wat niet vaak voorkwam. 'En wie woonde hier vóór jou? Ken je die?'

Ze schudde haar hoofd. 'Een viespeuk. Alles was goor, alles plakte. Een kunstenaar of zo. Schijnt halsoverkop vertrokken te zijn.'

'Kutzooi,' zei Werner.

Even had Voronin zich zorgen gemaakt. Van Manen was de target, niet een of andere bezoeker. Volgens de gegevens woonde de dissident alleen. Was die informatie onjuist geweest, dan had hij terug gemoeten voor nader overleg met de staf over de te volgen strategie.

Dat probleem was er dus niet.

Wel een ander. Van Manen was hem gesmeerd en ondergedoken op een ander adres. De missie moest worden uitgesteld. De jacht ging langer duren dan verwacht.

Het doosje in Voronins zak kon nog even blijven zitten.

32

Hella was nog lang niet uitgeslapen toen ze opstond. Ze voelde zich geradbraakt. Een veel te korte nacht en een dosis alcohol die nog lang niet door haar lever was verwerkt, in combinatie met lichte spierpijn, alsof ze vannacht met haar ongetrainde lijf intensieve rek- en strekoefeningen had gedaan.

Dat had ze natuurlijk ook.

Berry leek nergens last van te hebben. Terwijl hij brood roosterde, floot hij de Marseillaise (of de Brabançonne).

'Eén of twee?' vroeg hij opgewekt.

'Dat is goed.'

'Met jam of kaas? Je hebt ook paté, zie ik.'

'Lekker,' zei Hella.

Even later kwam Berry tegenover haar zitten. 'Zo, eet smakelijk. Heb je er een beetje zin in, vandaag?'

Natuurlijk had ze er geen zin in, vandaag. Het liefst hing ze de hele dag op de bank met een boek van George Pelecanos of een andere mooie Griekse Amerikaan en met de televisie halfzacht op een Engels kookprogramma of desnoods een natuurdocumentaire over de coïtus interruptus onder Abessijnse steppehagedissen.

'Niet echt,' zei ze dus. 'Beetje kapot. Ik blijf liever thuis.'

Berry lachte. 'Eigen schuld, had je maar eerder moeten gaan slapen. Wie gaat er nou om drie uur 's nachts zo ongeveer op z'n kop staan in bed.'

Hij overdreef, maar niet veel.

'Trekt wel bij, lieverd,' zei hij vriendelijk.

Dat was een hele troost. 'Kun je niet bellen dat ik vannacht plotseling een aanval heb gekregen van... bedenk maar wat?'

Berry keek haar glimlachend aan. 'Van erotische aanvechtingen? Dat zou wel kloppen, ja. Ik bel wel even, ze begrijpen het vast wel.'

'Goed idee. Doe maar.'

Hij pakte zijn mobiel en drukte een paar toetsen in.

'Je denkt dat ik ga zeggen dat je het niet moet doen,' zei Hella.

Berry schudde zijn hoofd. 'Ik ken je toch.' Hij ging door met tjappen en duwde de mobiel tegen zijn oor.

'Dat durf je niet,' zei ze.

'Dat denk je maar,' zei Berry opgeruimd. Hij keek naar zijn kop koffie en luisterde.

'Ga je ze ook vertellen dat het vooral jouw schuld is, omdat je met je pik bij alle haltes, tussenstations en eindbestemmingen langs bent geweest?'

Berry stak zijn hand op. 'Ja, hallo, met Berry van Zanten. Hoi, Lilly, is Henri er al? Ja? Zou ik hem even kunnen... o, hij zit in de voorbereiding. Misschien wil je een boodschap doorgeven? Fijn.'

'Je bent een lul, Berry,' zei Hella.

'Nou, we hebben een probleempje, Lilly. Hella Rooyakkers zit hier naast me. Rooyakkers. Nee, niet appels, akkers. Ja, Rooyakkers. Ze doet de kennismaking, maar ze is niet helemaal goed geworden, vannacht.'

'Ik zeg echt niks,' zei Hella.

'Niet goed geworden, ja. Tegen tweeën kreeg ze een aanval van, ja, hoe zal ik het zeggen, van een soort vraatzucht, ken je dat?'

Hij luisterde even.

'Nee, dat niet, je moet het meer symbolisch zien, Lilly. Mevrouw Rooyakkers heeft vaak een soort vreetaanval, symbolisch dan. En toen ik vannacht mijn penis, of nee, toen zij mijn penis...'

'Stop maar, ik ga wel. Stop maar!'

Berry stak opnieuw zijn hand op. 'Nee, Lilly, zo erg is het gelukkig niet, ze kan weer gewoon praten. Maar het zit vooral in de liezen, hè. Die zijn bij haar nogal kwetsbaar. En haar kaakspieren, na-

tuurlijk, daar is ze al eens aan geopereerd. Staat ook veel druk op, je kent het.'
'Berry!'
'Nee, niets ernstigs, niks wat niet overgaat. Ze loopt gewoon moeilijk en kan niet goed zitten. Dat was vannacht wel anders, Lilly, maar je hebt het niet altijd in de hand, toch? Dat weet je best, Lilly, nou niet doen alsof we toen...'
Hella pakte de mobiel uit zijn hand.
'Dag Lilly, het gaat al een stuk beter,' zei ze en drukte op de uitknop.
'Wat doe je nou? Had ik net een goed gesprek met Lilly.'
'Schiet een beetje op, Berry, over drie kwartier moet ik me melden.'
'Echt geen toastje jam meer?'

Gelukkig was Wendy er weer.
Het eerste uur werd besteed aan 'opwarmen'. In groepjes van vier moest iedereen vertellen wat was blijven hangen van de boodschap van gisteren. Vooral het aanvullen en verbeteren van de anderen was daarbij belangrijk. Er was koffie en zelfgebakken koek.
Hella kreeg het na enig gemanipuleer voor elkaar dat ze met Wendy in een groep zat. Het scheelde de helft. De andere twee waren een homofiel stel, beiden manager in de verzekeringsbranche. Ze waren erg enthousiast, zodat Hella niets had toe te voegen.
Wendy wel, zij het niet vaak. 'Kom op, jongens, jullie moeten investeren in elkaar! Hebben we gisteren geleerd. Toe dan, Jean! Jij in Manuel! Investeer nou even in Manuel, dat willen we gewoon zien, of niet, Hella?'
Wendy ging verder dan zij zichzelf toestond. Het was duidelijk dat Wendy volslagen ongevoelig was voor de aanpak van Sygma en er ook geen enkel respect voor had. Een grap was het, een programma met de verborgen camera waar mensen instonken. Straks zou de presentator zijn pruik afzetten en iedereen zou gegeneerd om zichzelf lachen.
Hella kon een stuk met haar meegaan, maar bij de meest vileine grappen merkte ze dat ze afhaakte. Natuurlijk, ook zij rook de vette

walm van gebakken lucht en ze stoorde zich aan de manier waarop wankelende deelnemers nog eens een extra duw kregen. Maar als ze niet zelfs maar een poging zou doen dit weekend serieus te nemen, dan nam ze ook Berry niet serieus. Ze mocht lachen, maar selectief. Als ze Sygma uitlachte, lachte ze Berry uit. Ze bedacht het niet, het ging vanzelf, intuïtief.

Pierre was er ook.

Hij zat met zijn groep aan de andere kant van het zaaltje, en dat vond Hella wel zo prettig. Het was niet zo dat ze moeite had met zijn aanwezigheid, integendeel. Ze was blij dat hij er was. Net als gisteren oogde hij zelfverzekerd, en hij zag er aantrekkelijk uit in zijn paarse polo onder een zwart colbert. Hij deed actief mee en praatte veel met zijn handen. Dat was haar gisteravond niet opgevallen.

Toch ging ze de confrontatie voorlopig liever uit de weg. Dat had veel te maken met de afgelopen nacht, met de heftige pornografische seance met Berry. Ze had wel een snelle geest, maar haar gevoel was een stuk trager. Eén keer douchen had de intense ervaringen bij lange na niet weggespoeld. Ze probeerde zich te concentreren op het Sygmagedoe van vandaag, maar de nacht zat nog volop in haar lijf. Het leidde haar op een prettige manier af.

Natuurlijk botste het in haar hoofd. Het was niet alleen gezellig geweest, gisteravond met Pierre, maar tot op zekere hoogte ook spannend. Ze had zich netjes gedragen en dat was haar niet zwaar gevallen.

Maar toch.

Even rust, graag.

Na de lunch, met brood uit eigen keuken en salade uit eigen tuin, kwam Henri binnen en stak hij glimlachend beide handen omhoog.

'Vrienden, mag ik jullie aandacht?'

Mooie stem, vond Hella. Zacht, maar toch indringend. Warm. Had ze vanaf het begin gevonden. Wat hij allemaal zei, had ze voor het grootste deel van zich afgeschud. Maar de emotie, het geluid was wel doorgekomen. Een aangename zoem, muziek bijna.

'Het komende uur doen we een spel, mensen. Jullie krijgen papier en potlood en ik wil dat je de minnetjes noteert. Ja, ik zie je kijken, Sanne, hoe bedoel je minnetjes? Lieve Sanne, minnetjes kunnen alles zijn. Dat je twijfelt over jezelf of over je relatie. Dat je iets zoekt in jezelf wat je niet kunt vinden. Dat je te vaak nee zegt, terwijl het ja is. Ken je dat? Of dat je boosheid voelt die niet van buitenaf komt, maar in jezelf zit. Of je gedrag qua communicatie waar je telkens tegenaan loopt. Schrijf er vijf op.'

Henri pauzeerde en keek een aantal deelnemers aan.

Ook Hella. Ze huiverde een moment. Het waren zijn ogen, zijn stem. De woorden deden er niet toe.

'Allemaal hebben we minnetjes en het gaat erom dat we ze herkennen. Pas dan kunnen we ermee aan het werk. Het principe is overgenomen uit de filosofie en klassieke logica, het gaat terug tot Socrates. We analyseren wat het probleem is en vervolgens zoeken we de oplossing. Dat is precies wat onze organisatie jullie te bieden heeft.'

Hella zag dat mensen elkaar aankeken en knikten.

Wendy knikte niet. Die gaf een por en boog zich naar haar toe.

'Waarom vraagt operetteman niet naar plusjes,' fluisterde ze. 'Ik heb er best veel.'

Hella schrok op en deed haar best om niet te lachen. 'Ik ook. Waar heb jij ze?'

'Vooral hier. Dat zie je toch?'

Twee medewerkers deelden papier en pennen uit en Hella vroeg zich af wat ze in godsnaam moest opschrijven. Henri noemde het een spel en voor spelletjes was ze altijd in, maar dit deed haar aan iets heel anders denken. Aan een truc om je later te kunnen confronteren met je zwakke plekken, en dat was het laatste waar ze zin in had. Ze werd graag herinnerd aan haar sterke kanten, maar dat spel werd hier kennelijk niet gespeeld.

Ze kon twee richtingen uit.

Meedoen en nadenken over de taak.

Of er een grap van maken en faken. Ze keek Wendy aan en kreeg een knipoog.

Er was een derde weg en die koos ze. De tussenweg.

De meeste cursisten keken naar hun tekst en wachtten af. Sommigen knauwden op hun potlood en voegden iets toe of streepten zinnen door. Het was doodstil in de zaal, terwijl er toch tientallen drama's op tafel werden gesmeten. Er werd niet gelachen, zelfs niet geglimlacht, wel gebloosd en getranspireerd.

Hella was klaar en vroeg zich af wanneer de confrontatie zou plaatsvinden. Vier trainers gingen inmiddels de zaal rond, schoven her en der aan, knikten fronsend bij het lezen van de bekentenissen en begonnen een gesprek. Flarden van zinnen bereikten haar, niet te verstaan, aanvankelijk rustgevende, veilige geluiden, die na enige tijd verstoord werden door stemverheffingen en soms zelfs door getier en geschreeuw. Ze keek om zich heen en was perplex dat het niet de deelnemers waren die tekeergingen, maar de trainers. Links van haar huilde een jonge vrouw, een meisje eigenlijk nog, tenger, klein; met elke snik gaf ze wat ontreddering prijs. Hella begon zich zorgen te maken. Ze had zich voorbereid op een lichtvoetig gesprek over haar lichtvoetige minnetjes. Het leek erop dat ze bijna aan de beurt was.

Waar ze al bang voor was geweest, gebeurde. Liever die sul van een Jakko, maar het was Henri die bij haar kwam zitten.

'Hoi Hella, ik ben benieuwd wat je aan minnetjes in jezelf hebt gevonden. Ik heb gezien dat je een sterke vrouw bent, dat maakt de opdracht lastig, ik weet het.'

Weer die stem. Zacht, fluisterend bijna. Vriendelijk.

'Voor mensen als jij is het makkelijker je plusjes op te schrijven, maar daar schieten we niets mee op. We hoeven niet te werken aan wat al goed gaat. Het gaat om de rem, de barrière, de Klaagmuur in onszelf. Als we die ontdekken, kunnen we een stap zetten. Ik denk dat je gemerkt hebt dat er nogal wat loskomt als je jezelf, zoals vanmiddag, serieus neemt. Dat je uit durft te komen voor waar het, als je eerlijk bent tegenover jezelf, misgaat. Heb ik gelijk?'

Nee, hij had geen gelijk. Zoveel was er niet losgekomen, maar misschien kwam dat doordat ze zichzelf absoluut niet serieus had genomen. Net zomin als Wendy, die de maten en afmetingen van haar postuur als minnetjes had genoteerd.

Ze had zich suf gepiekerd om althans een stuk of twee, drie dingen op te schrijven die misschien kloppen. Uiteindelijk was ze tot 'Ik ben soms slordig' gekomen. Dat was waar, maar het leek Hella voor iedereen op te gaan. Als tweede had ze 'Ik kan soms ongeduldig zijn'. Kon je je geen buil aan vallen. 'Ik flirt weleens.' Die was wel aardig, al zag ze het niet als een minpuntje. Ten slotte had ze nog iets verzonnen bij wijze van geintje. Het was immers een spelletje. Verder dan vier minnetjes was ze niet gekomen.

'Het valt mee, Henri, ik vond het wel een grappige opdracht.'

Hij keek haar even aan, zonder te glimlachen. 'Grappig is, denk ik, niet het goede woord. Interessant is waarschijnlijk wat je bedoelt.'

'Nee, hoor. Ik vond het vooral vermakelijk.'

'Hm. Laten we eens kijken wat je ervan gemaakt hebt.'

Henri begon te lezen en knikte af en toe. Bij de eerste minpunten gaf hij wat commentaar en stelde hij een paar diepzinnige vragen, zoals 'Ben je ongeduldig over jezelf of over dingen buiten jou waar je geen controle over hebt? Kun je dat uitleggen?' Dat kon ze niet. Ze wilde het ook niet en hield de boot af. Het moest wel gezellig blijven.

Even later: 'Je zegt dat je slordig bent. Dat zegt iets over de chaos die je toestaat, Hella, begrijp je? Chaos in je hoofd, bijvoorbeeld. Rommel die ervoor zorgt dat je de hoofdlijnen niet meer ziet. Die je beperkt en afhoudt van waar je toe in staat bent. Weet je dat we een perfecte manier hebben om de boel op te ruimen? Om schoon schip te maken?' Henri sprak zachtjes, vriendelijk, lief bijna.

Hij maakte het veel erger dan het was. Hella had geen behoefte de rommel aan te pakken, een beetje rotzooi in huis hoorde erbij, het had wel iets, vond ze, ze woonde niet in een hotelkamer. En wat haar hoofd betrof, rommelig was het daar vast en zeker. Soms was dat lastig, maar een voortdurend opgeruimde kop zonder aarzelingen en onzekerheden, hersens die alles aan kant hebben en altijd precies weten hoe het verder moet en wat fout en verstandig is, dat leek haar pas rampzalig. Een rationeel en superieur hoofd dat altijd gelijk heeft en weet hoe het zit, voelde ze intuïtief, fungeert als een dictator, zonder oppositie, tegenspraak of inspraak. Twijfel en oprispingen van verzet moeten worden onderdrukt, want die zijn ongezond en destructief. Gezellig ook voor geliefden, bedacht ze, als je met je superieure gelijk en je zekerheden een praatje met hen zit te maken. Kan ik met een schoon opgeruimde kop genieten van een avondje met vrienden? Moet ik daar de liefde mee in?

Natuurlijk niet.

Als ik het allemaal weet, als ik ben bevrijd van mijn angsten en twijfels, ben ik mijn ontvankelijkheid verloren, mijn toegankelijkheid voor wie me lief is, en daarmee alles wat essentieel is.

Ik ben daar gek.

Waar heeft Henri het in godsnaam over?

Waar heeft Sygma het in godsnaam over? Robots? Iedereen schoon, gesmeerd en opgeruimd?

'Ik zie je aarzeling,' zei Henri zachtjes. 'Dat is heel natuurlijk. Wist je dat mensen zich juist hechten aan hun minder positieve gewoonten en gedrag? Dat ze vooral moeite hebben dáár afstand van te doen? Het is onderzocht door de Harvard Universiteit. Ik zal het je verklappen, Hella. Met negatief gedrag gaan mensen hun angsten uit de weg. Ze zijn bang voor de uitdaging, bang om nieuwe wegen in te slaan. Ze willen wel, maar durven niet. Dat frustreert. En wat doe je dan? Wat denk je?'

'Ik zou het echt niet weten,' zei Hella, en ze meende het.

'Dan straf je jezelf, Hella. Onvermijdelijk. Dat is psychologie. Misschien ga je te veel drinken. Of je blijft roken. Je laat de rommel toe in je leven, je doet je partner tekort en maakt een zootje van je relaties. Je wordt zo'n automobilist die om de paar kilometer zijn middelvinger opsteekt. Allemaal zelfwoede. En je eindigt ten slotte als een ongelukkig en eenzaam mens. Begrijp je het een beetje?'

'Een beetje.' Ook dat meende ze. Dit was weer een totaal ander verhaal dan wat in haar hoofd voorrang had, en er klopte vast wel iets van. Tegelijkertijd besefte ze dat ze niet wilde kiezen tussen deze of een andere versie van de werkelijkheid. Misschien klopten haar zelfbeeld en haar blik op de wereld niet, maar van een ander perspectief zou ze dat ook nooit zeker weten. Ik ben een twijfelaar, realiseerde ze zich. Al spreken de verhalen elkaar tegen, ik kies niet. Misschien zijn ze beide waar, en snap ik het niet. Misschien kloppen ze geen van beide. Ik voel me prettiger als ik mezelf wijsmaak dat er geen waarheid is. Dat iedereen en tegelijk niemand gelijk heeft.

Dan maar een twijfelaar.

Dan maar rommel in mijn hoofd.

'Fijn dat je het een beetje begrijpt,' zei Henri. 'Wat we hier doen, is opruimen, Hella. Opruimen en opnieuw beginnen. En ik zie hier dat er nog heel wat op te ruimen valt.' Zijn stem klonk opeens anders, harder, heser. Er was niets over van de gefluisterde vriendelijkheid.

Hella schrok en ging rechtop zitten. 'Wat bedoel je?'

'Je vierde min. Dat kan natuurlijk niet. Ik citeer: "Mij overvalt nu het verlangen met een flutboek thuis op de bank te hangen, omdat ik geen minnetjes meer kan bedenken." Hella, je valt me verschrikkelijk tegen. Je besefte het misschien niet toen je die puberale zin opschreef, maar je geeft er op zijn minst mee aan dat je een zelfzuchtige vrouw bent met een blinde vlek voor waar het om gaat in je leven.'

Hella was verbijsterd. 'Waar heb je het in godsnaam over?'

'Kut, Hella!' Henri bracht zijn gezicht tot op een paar centimeter van het hare. 'Wakker worden, godverdomme! Kom uit je bunker, egoïst!'

Hella zei niets. Ze wilde wel, maar sprak de taal niet. Er was niets over van de Henri die ze had leren kennen. De stem, zijn ogen, de zachtheid. Hij was een volslagen andere man. Voor het eerst in haar leven zag ze iemand die agressief glimlachte.

'Ja, daar schrik je van, hè! Dat een mens tegen je zegt dat je een asociale egoïst bent! Dat durft niemand tegen je te zeggen, maar ik wel! Je bent godverdomme een verwend kind, weet je dat!'

Ze kon nog steeds geen geluid uitbrengen. Ook verderop gingen trainers tekeer, hoorde ze. In wat voor krankzinnigheid was ze in vredesnaam beland?

'Ik vroeg je wat!' schreeuwde Henri, vlak bij haar oor. 'Heb je niet in de gaten dat je niet alleen jezelf, maar vooral anderen tekortdoet met je cynische houding?'

Eindelijk vond ze een paar woorden. 'Je… moet het niet zo serieus nemen. Ik maakte een grapje.'

'Wat? Moet ik het niet serieus nemen? Moet ik jou niet serieus nemen? Nou? Wees blij dat ik je serieus neem! Hoeveel mensen doen dat eigenlijk, jou echt, werkelijk serieus nemen? Drie, vier? Je staat bijna alleen, Hella! Denk na!'

'Het was een geintje,' fluisterde ze.

'Ha! Wat jij een geintje noemt is eerder een statement. "Ik heb schijt aan de wereld!" Dat zeg je feitelijk!'

Hella was met stomheid geslagen.

'Je hebt een levensgrote blinde vlek, een plaat voor je ogen! Voor mensen als jij is Sygma opgericht, voor mensen die het zelf niet meer zien.'

'Nou moet je ophouden,' zei Hella. Het verbaasde haar dat ze nog niet was opgestaan.

'Nee, ik ben nog niet klaar! Zal ik een voorbeeld geven? Misschien dat het dan tot je hersens doordringt! Dat zogenaamde geintje van je getuigt om te beginnen van een totaal gebrek aan respect voor je vriend Berry. Hij volgt workshops bij ons en doet dat met overgave en overtuiging. Hij is een sieraad voor de organisatie. Beweer je dat je van hem houdt? Laat me niet lachen! Als dat klopte, zou je hem niet zo tekortdoen. Ga je ook zo met anderen om? Volstrekt liefdeloos! Je hebt een lange weg te gaan, Hella! Respectloos, ook voor jezelf! En iemand die geen respect heeft voor zichzelf, komt geen stap verder! Die is niet in staat liefde te geven. Berry verdient beter. En jij ook! Zie het onder ogen, je onvolwassen opstelling is volslagen destructief!'

Hella was woedend en ze begreep nu waarom. Henri nam niet alleen haar, maar vooral zichzelf veel te serieus. Dit was bovendien geen confrontatie meer tussen gelijkwaardige deelnemers, maar pure intimidatie, vernedering. En hij leek ervan te genieten.

'Ja, Hella, word maar boos, dat hoort erbij. Het zou pas echt zorgelijk zijn als je niet boos was. Het hoort bij het proces, bij de verwerking, zoals we hier zeggen.' Henri's stem was plots veranderd. De warmte was terug, het zachte timbre, het liefdevolle.

'Hier mag je boos zijn, Hella,' fluisterde hij. 'Je bent hier in veilige handen. Als je je ergens mag laten gaan, dan is het hier. We zijn hier allemaal weleens boos of verdrietig, maar even later komen we er met elkaar altijd weer uit. Dat is de kracht van Sygma. We noemen dat louteren, een noodzakelijke fase van de groei, begrijp je?'

Hella schudde haar hoofd.

'Komt nog wel, maak je geen zorgen, lieve Hella. Maar we maken ook regelmatig lol, hoor, zeker na dit soort spelletjes.'

Ze keek op. 'Pardon? Heb ik iets gemist? Je noemt dit een spelletje?'

Henri pakte haar hand. Ze begreep niet waarom ze het toeliet.

'Jazeker, een spel. Met hier en daar een serieuze ondertoon, dat klopt, maar niettemin een spel. We noemen het worstelen. Af en toe een kwartiertje worstelen en dan samen een gezellige nazit met een glas extraviet. Kan wonderen doen, geloof me. Vaak douchen we na afloop met elkaar, je vindt dan weer heel snel wat je samen deelt, de intimiteit. Dat slaan we vandaag maar even over. Kom, de anderen zijn ook klaar, we gaan naar de sfeerkamer om ons met elkaar te ontspannen.'

33

Hella zat op de bank met een glas witte wijn in haar hand.

Ze was bekaf en tegelijkertijd klaarwakker. Nooit had ze last van chaos in haar kop, maar vanavond wel. Ze dacht terug aan het idiote verhaal over 'de rommel opruimen'. Het was of Henri vanmiddag de rommel eigenhandig had veroorzaakt, om zijn gelijk te bewijzen. Dat was hem dan gelukt.

Eigenlijk had ze allang naar bed gemoeten, de wekker ging morgen om zeven uur. Maar ze wilde niet. Eerst moesten die harde windstoten in haar hoofd gaan liggen.

Ja, de boel moest worden opgeruimd.

Ze nam een slok, sloot haar ogen en luisterde naar een cd met nocturnes van Chopin. Rustige, bijna verstilde, ijle muziek. Het was haar medicijnmuziek, al meer dan tien jaar, en goed tegen vele psychische kwalen.

Ze had Chopin leren kennen omdat ze ermee was opgegroeid. Als kind had het haar weinig gedaan, maar ze had de componist herontdekt tijdens haar melancholische periode, die duurde tot ze een jaar of twintig was. De muziek bleek perfect haar frequente romantische verdriet te begeleiden en zelfs te versterken. Bij elke aanval van melancholie greep ze naar de nocturnes en vaak lukte het om er dan zelfs wat ongerichte tranen uit te persen. Hongeren hielp ook, maar hongeren in combinatie met nocturnes werkte nog beter.

In latere jaren troostte Chopin haar in gevallen van liefdesverdriet, incidentele faalangst, algehele twijfel en landerigheid. Verder was de componist postuum in staat boosheid en opkomende paniek te dempen en kanaliseren.

Maar ook als compagnon van gelukzaligheid was hij onovertroffen. Vreemd genoeg associeerde Hella de nocturnes niet met groot of klein leed. Daar stond Chopin boven. In welke mentale staat ze ook verkeerde, hij nam haar bij de hand en presenteerde zich als coach, partner, charmeur en therapeut. Hij was altijd thuis, drong zich nooit op en hield zich beschikbaar.

Nog niet zo lang geleden was haar de sterke parallel opgevallen met de aanwezigheid van Berry in haar leven. Ze had beseft dat ook Berry de functie van houvast, van boei vervulde. Alsof hij met zijn onkreukbaarheid, zijn toewijding en onvoorwaardelijke loyaliteit over haar waakte en haar behoedde voor een terugval naar een gemoedstoestand die ze zielsgraag definitief achter zich wilde laten. Zo lang was het niet geleden dat ze zich regelmatig liet leiden door zelfmedelijden, verongelijktheid en slachtofferdenken. Ze was er als het ware overheen gegroeid; kennelijk was dat mogelijk zonder hulp van dure workshops. Het had iets ironisch dat juist Berry's liefde en opstelling haar sterker hadden gemaakt.

Hella pakte de afstandsbediening en vroeg of Chopin opnieuw voor haar wilde spelen. Nog een slok. Bijschenken. Toen ze haar ogen dichtdeed, wist ze dat ze nog minstens een uur te gaan had voor de batterijen in haar kop het zouden opgeven.

Haar boosheid was gezakt.

Als je deel uitmaakt van de truc, heb je het niet door. Ze had het ondergaan, zonder dat ze begreep wat er gebeurde; waar Henri en de anderen mee bezig waren. Nu snapte ze het.

Een spel, ja, zo zou je het kunnen noemen. Een ritueel, een toneelstuk met afgesproken teksten en decors, met regels over de ouverture en de finale. Er was niets spontaans geweest aan de intimidaties van Henri, het was geen tirade die van nature was ontstaan, nee, de woorden stonden geschreven in een practicumhandboek. Henri was helemaal niet boos op haar geweest, hij had gespééld dat hij boos op haar was.

Hoe hij werkelijk was, kon ze dus niet beoordelen. Dat had ze zich een kwartier geleden gerealiseerd. Als hij zijn boosheid acteerde, speelde hij ongetwijfeld ook zijn rol van vriendelijke, warme en begrijpende vriend. Ook die bijbehorende tekst, bewegingen en gezichtsuitdrukkingen waren nauwkeurig in het scenario beschreven.

Ze had meegespeeld in een spel, maar had de regels niet gekend.

Henri was ook maar een functionaris, een werknemer die uitvoerde waarvoor hij werd betaald en was opgeleid.

Och.

Natuurlijk, het was schandalig om min of meer naïeve en gretige zelfzoekers zo onder druk te zetten. Maar als je eenmaal doorhad hoe het in elkaar stak, moest je toegeven dat het om een doorzichtig en tamelijk onschuldig tijdverdrijf ging.

Het zat erop en ze had Henri allang vergeven. Eigenlijk was hij geknipt voor zijn taak. Klein, aaibaar, stem, ogen, alles klopte.

Hella deed haar ogen open en vroeg zich opeens af of hijzelf wel alle rotzooi had opgeruimd.

Ze zou hem dat best eens willen vragen.

Bij voorkeur in een druk café.

Een halfuur later merkte ze dat de vermoeidheid haar hoofd bijna de baas was. Er verschenen willekeurige beelden, als foto's die overdag waren gemaakt.

Een lachende Wendy, ongetwijfeld vanwege een grap. Ze hadden na de Sygmaspelletjes nog sporadisch de gelegenheid gehad wat te kletsen.

'En wat vond Jakko van je minnetjes?' had Hella gevraagd.

Wendy grinnikte. 'Ik had als laatste mijn borstomvang genoteerd. Vond hij helemaal geen minnetje. Klef mannetje, die Jakko.'

'Heeft hij nog tegen je geschreeuwd? Schijnt onderdeel van het spel te zijn.'

'Ja hoor, wel een kwartier lang. Met zo'n raar hoog stemmetje. Ik heb hem vriendelijk toegelachen. Daarna zei hij dat ik nog veel te leren had. Daar heeft hij natuurlijk gelijk in.'

Hella liet zich wegglijden. Ze zou niet door Berry worden gestoord. Die lag inmiddels zijn voetbalroes uit te slapen.

De laatste vage beelden betroffen het glimlachende, niettemin ernstige gezicht van Pierre.

Hij zat tegenover haar, keek haar aan, zei niets en knikte langzaam.

Een paar uur geleden, meer was het niet.

34

Pierre Marsman, succesvol onderzoeksjournalist, was niet het type van de snelle doucher die de kraan dichtdraait onmiddellijk na de eerste volle laag en dan zegt: 'Hè, dat frist op.' Zijn gemiddelde lag rond het kwartier. Douchen was voor hem bij uitstek een gelegenheid voor bezinning, en voor een bijna rituele psychische reiniging. Zijn denken werd helderder als hij alle ballast en overtolligheid door het putje kon spoelen.

Vanmorgen was hij bezig een record te vestigen, besefte hij. Hij stond en bleef staan en er was niets dat hem noopte iets in gang te zetten of naar de kraan te grijpen. Het kwam niet eens in hem op.

Er was dan ook het een en ander weg te spoelen.

Het was een vermoeiend weekend geweest. Vooral het spelen van zijn rol als geïnteresseerde mogelijke kandidaat-pupil had energie gevreten. Meer dan eens had hij zich moeten inhouden om niet te lachen op het verkeerde moment, in de tegenaanval te gaan of om kritische opmerkingen te plaatsen. De trainers deden hun werk professioneel, maar een kenner als hij herkende in elk programmaonderdeel de manipulatie. Het waren de bekende technieken die waren ingezet. Voorzichtig nog, de deelnemers mochten vooral niet worden afgeschrikt, maar onmiskenbaar. De trainers hadden zich in dit stadium bediend van vormen van verleiding, verwarring, groepsvorming, geleide euforie en, spaarzaam, van lichte intimidatie.

Eén moment was hij bang geweest dat hij zijn dekmantel zou prijsgeven. Dat was toen zijn trainer Herman, een schriele vijftiger met voortdurend toegeknepen ogen en uitstaand grijs haar, hem op zijn toch keurig samengestelde lijstje begon aan te vallen. Het bizarre van de scheldpartij moest hij noodgedwongen ondergaan, maar het had niet veel gescheeld of hij had de man een klap in zijn gezicht gegeven. De nitwit had hem uitgescholden voor 'asociale klootzak' omdat hij 'ik neem soms de telefoon niet op' had genoteerd. Er waren grenzen, maar hij had zich beheerst. De reportage ging voor.

Marsman bleef staan; de enige handeling die hij af en toe verrichtte was een haal met zijn vingers door zijn haar.

Hella.

Daar spoelde niets van weg, integendeel. Het was alsof ze zich voorzichtig nestelde in de uiterwaarden van zijn geest. Hij liet het toe, maar besefte dat hij alert moest blijven. Marsman kon niet toestaan dat er zich iets ontwikkelde waarover hij geen controle had. Het was ongetwijfeld een irrationele angst en antieke psychiaters zouden er vast een mooie verklaring voor hebben, maar hij moest greep houden op een mogelijke groei van de factor Hella. Er was immers niets bedreigender dan wildgroei van emotie.

Het was nog niet meegevallen zijn natuurlijke attitude te handhaven.

Gisteravond was het fris geweest, op het terras van Island in the Sun. De zon was allang onder en het uitzicht over het meer werd langzaam veroverd door opkomende heiigheid.

De plek was idyllisch en Hella had onwaarschijnlijk mooi gehuiverd. Een vage glimlach, blos op haar wangen. Ze had even gerild en haar hoofd geschud. Haar donkerblonde haar leek zwart en haar vrolijke ogen lichtblauwer dan ooit.

Ze huiverde met haar hele lichaam.

Met haar smalle schouders.

Haar bovenarmen en handen.

Zelfs haar borsten huiverden even mee.

Ik ga eronderuit, dacht Marsman, maar hij bleef staan.

Ze hadden een uur gepraat, niet eens over zware onderwerpen en ook nauwelijks over persoonlijke kwesties.

Marsman ging die niet uit de weg, maar hij vroeg liever dan dat hij antwoordde. Het leek of Hella dezelfde neiging had. Dat voel je, je voelt zelfs dat de ander het ook weet.

Pierre Marsman vond het allemaal aangenaam en opwindend, op voorwaarde dat hij die emoties terug in hun hok kon krijgen.

En dus stond hij een halfuur later nog onder de douche.

35

Het was acht uur 's avonds, het moment dat de terreinverlichting aanging.

Echt nodig was het niet. De zon was amper onder en het was een wolkeloze avond.

Op de binnenplaats werd gevoetbald door een twintigtal uitbundige mannen. Ze waren allemaal gekleed in dezelfde kleurige Sygma-overalls en Klaus vroeg zich af hoe ze hun ploeggenoten herkenden. Toen hij wat beter keek, zag hij dat daar ook geen sprake van was. Het was een chaos, die niets met een weloverwogen ploegenspel te maken had. Daar ging het kennelijk ook niet om. Er werd gejuicht en gelachen, op schouders geslagen en er werden high fives uitgedeeld. Het voetbal was bijzaak. Ze vieren de dag, wist Klaus. Een zware dag, zo te zien. Hoe zwaarder, hoe uitzinniger de reactie. En de euforie had nog een functie: het bezweren van het dreigende vervolg. Elke dag werd immers afgesloten met een avondprogramma dat met recht een finale was. De avondconfrontatie was rechtvaardig en nuttig, maar hard en persoonlijk.

En dat wisten de mannen op de binnenplaats. Over een kwartier zouden ze aanschuiven.

Klaus ging het hoofdgebouw binnen en liep naar de trap. Hij had absoluut geen zin in de stafvergadering. Dat was al weken zo, en zijn weerzin werd sterker. Zijn hoofdrol werd gaandeweg een bijrol en zijn inbreng werd door Kahn steeds vaker weggewuifd. En werkelijk ergerniswekkend was de aandacht die Henri met zijn dubieuze praatjes kreeg. Klaus had de indruk dat het duo Kahn en Henri een gevaarlijke combinatie aan het worden was. Ze jaagden elkaar op en fantaseerden over methoden die volgens het handboek ver over de schreef gingen. En het bleef niet bij fantaseren. Henri's experiment had groen licht gekregen. Klaus maakte zich ernstige zorgen, nu hij steeds vaker alleen stond in zijn strijd voor de handhaving van de strenge morele beginselen van de organisatie. Ooit had hij een liedje gefloten als hij de trap op liep. Dat was lang geleden.

'Om met jou te beginnen, Klaus, alles onder controle?' Kahn stond met zijn rug naar het raam, een glas in zijn hand.

Nee, niet alles is onder controle. Henri niet en jij ook niet. 'Ik doe mijn taak, Kahn.'

'Daar ga ik van uit, maar dat was mijn vraag niet. Niet zitten draaien als een prepupil alsjeblieft. Gewoon antwoorden. Ik vroeg of je alles onder controle hebt.' Kahn trok zijn wenkbrauwen op en keek even in de richting van Henri.

Hij doet het weer. Kahn zoekt me. 'Ik voer uit wat we hebben afgesproken, Kahn. Ik heb de zaken, voor zover mogelijk, in de hand.'

'Vaag antwoord, beste master. We leren onze kandidaten eerlijk en duidelijk te zijn, de essentie te vinden en die te benoemen. Dat verwacht ik dus op zijn minst van mijn staf. Hoe ver ben je met de opsporing van de dissident? De tijd dringt, hij krijgt te veel bijval. Hij moet worden gestopt.'

'De man is slim, Kahn. Mijn mannen hadden zijn adres opgespoord, maar hij was inmiddels verhuisd. De actie moest worden uitgesteld.'

De leider had zich omgedraaid en keek naar de binnenplaats, die nu verlaten was. 'En nu?'

'Hij staat niet in een telefoonboek en hij heeft geen nieuwe verblijfplaats aan de gemeente doorgegeven. Vermoedelijk is hij ergens ondergedoken. We hebben aanwijzingen dat hij in een buitenwijk verblijft.'

Kahn bewoog zich niet. 'Hoe weet je dat? Hoe weet je dat hij nog in de buurt is?'

'Ik hoorde vanmiddag dat hij zijn boodschappen haalt bij een supermarkt in Nieuw Oost. Ze herkenden hem van een foto. De truc van de notaris die op zoek is naar de erfgenaam van een rijke vrouw. Werkt altijd. We posten in de buurt en als we hem spotten, voeren we onze taak uit.'

'Goed werk. Ik neem aan dat je het vonnis eigenhandig voltrekt?'

Dat was Klaus absoluut niet van plan. Zijn aanwezigheid op de hoeve, en vooral in de controlekamer, ging op dit moment voor alles. Hij kon zich niet permitteren het overzicht te verliezen.

Klaus dacht even na over een antwoord. 'Mijn mannen zijn nu voldoende getraind en gekwalificeerd. Mijn persoonlijke betrokkenheid is niet meer noodzakelijk en zelfs ongewenst. De organisatie kan zich in geval van een calamiteit niet het verlies van een staflid permitteren.'

'Heel verstandig, Klaus. Mee eens. Termijn?'

'Dagen. Een week misschien, of anderhalf.'

'Elke dag is er een te veel, onthoud dat.' Kahn liep naar het dranktafeltje en schonk een whisky in. Daarna wendde hij zich tot Henri, die ontspannen had zitten luisteren.

'Master Henri, nou jij. Een geschikte kandidaat gevonden voor onze nieuwste trainingsmethode?'

Henri glimlachte en ging rechtop zitten. 'Nieuwste trainingsmethode, mooi gezegd. Ik denk dat ik een kandidaat heb gevonden, Kahn.'

'Mooi. Wie?'

Hij herinnerde zich elk woord, kon zich haar gezichtsuitdrukkingen precies voor de geest halen. Ze was sceptisch, moeilijk te beïnvloeden, nuchter en onafhankelijk. Haar woede was niet zwak-boos, maar sterk-boos geweest, normaal gesproken geen gunstig voorteken. En ze was bijna weggelopen, had hij gezien, ondanks de druk die hij had uitgeoefend. Ze was weerbaar en jong, veel jonger dan de andere vrouw die weigerde mee te gaan.

Het was volkomen duidelijk wie het moest worden.

'Ze heet Hella Rooyakkers. Ze is tweeëndertig en verzette zich vanaf het begin. Als het met haar lukt binnen de beoogde tijd, hebben we goud in handen. Ik denk dat we geweldig gaan scoren, Kahn, Austin zal trots op ons zijn. Het handboek zal worden herschreven.'

Klaus keek naar de handen van Henri. Die gingen soms omhoog en dan even opzij. Hij predikte, de zak was aan het verkondigen. Henri was verworden tot een van zichzelf overtuigde, doorgeschoten sektariër. Een gevaar voor de pupillen, maar vooral voor de organisatie. Het handboek kon niet worden herschreven. Zeker niet door een omhooggevallen fanaticus.

Klaus sloot een moment zijn ogen en herhaalde in gedachten de formule van trouw en loyaliteit. En nog een keer.

'Ze lijkt niet ontvankelijk voor onze boodschap,' zei Kahn.

Henri zat op het puntje van zijn stoel. 'Precies, dat maakt haar tot de ideale kandidaat. De ultieme testcase. Als we haar kunnen…'

'We gaan niet kraken of slopen, beste Henri, dat past niet in de filosofie van Sygma. We zijn een humanitaire organisatie, altijd gericht op de opbouw.'

Klaus hield zijn mond. Dat lukte maar net.

'Breek en Bouw, Kahn, dat blijft de leidraad,' zei Henri.

'Mm. Ik ben bang dat je iets over het hoofd ziet. De betreffende dame is blind voor onze boodschap en zal niet enthousiast reageren op je uitnodiging voor een spoedtraining. Anders gezegd, ze laat zich niet rekruteren.'

Henri ging staan. 'Daar hebben we het relatienetwerk voor, Kahn. Ze is de partner van Berry van Zanten, een heel loyale noviet. Via hem gaan we haar motiveren. We hebben een aantal methoden om haar aan te moedigen.'

'Waar doel je op?'

'Enerzijds de inzet van Van Zanten vergroten door hem de mogelijkheid van uitsluiting voor te houden. Anderzijds haar via hem de spiegel voor te houden. Is ze bereid haar relatie op het spel te zetten door te weigeren? Ik verwacht dat ze zich vrijwillig opgeeft.'

Ook Klaus ging nu staan. 'Sorry, Kahn, psychologische uitnodigingstechnieken, oké, maar dit is regelrechte psychische druk. Ethisch onverantwoord, vind ik.'

Kahn dacht na. 'Het is goed dat je een kritisch geluid laat horen, Klaus. Mijn besluit is dat Henri zijn plan uitvoert, maar de morele grenzen in de gaten houdt. Henri?'

'Dat spreekt vanzelf, Kahn.'

36

Berry had Hella al twee dagen niet gezien en vanavond zou er ook niets van komen.
    Hij miste haar. Haar vrolijkheid en rust, maar vooral haar ogen en de ijle glimlach na een intense vrijpartij. Dat korte moment was voor hem het ultieme geschenk en voedde telkens weer zijn verliefdheid. Haar oogopslag van zachte liefdevolle gelukzaligheid gaf haar iets onwaarschijnlijk moois en breekbaars.
    Daarbij vielen de onenigheden die er soms waren in het niet. Hella had natuurlijk een heel ander mensbeeld, en dat respecteerde hij. Beter gezegd, hij accepteerde het. Ze was tevreden met haar functioneren, zoals de meeste mensen. Daar was niets op tegen, Berry vond zelf dat hij het beslist niet slecht deed. Maar jammer was dat Hella zelfs niet wilde overwegen of er misschien meer in zat. Het was voor hem vanzelfsprekend dat je soms bij jezelf naging of je dingen misschien beter kon, waar je kon groeien en of er mogelijk vragen waren waarop je nog geen antwoord had. Hella miste die instelling volkomen en, hij kon er niet onderuit, daar was moeilijk waardering voor op te brengen. Waar hij een humane plicht zag, een opdracht, een uitdaging zoveel mogelijk uit jezelf te halen, koesterde Hella een zekere geestelijke luiheid, moest hij constateren. En wat hem een enkele keer stoorde, was het lichte dedain waarmee ze over Sygma sprak. Hij begreep eenvoudigweg de beweegreden voor haar respectloosheid niet. Het voelde alsof die

houding ook zijn persoon beschaduwde.

Maar uiteindelijk ging het om futiliteiten in het licht van het hemelse moment, de seconde van ultiem geluk.

Berry parkeerde zijn auto en wandelde naar de schuur. Vanavond was er een follow-up van de cursus Ontwarren, die hij vorige week met een positieve aantekening in zijn Sygmapaspoort had afgesloten. Het ging om de losse eindjes, een evaluatie, tien minuten afsluitend worstelen, een korte juichsessie en een enkel spel. Hij had er niet veel zin in, en wist wat daarvan de oorzaak was. Tegenzin werd altijd ingegeven door angst. Angst voor de spiegel, voor de zelfconfrontatie. Alleen wie volmaakt tevreden is met zichzelf, herkent die angst niet. Hij moest er even doorheen en dan was de cursus afgerond.

De training was beslist zwaar geweest. Dat gaf al aan hoe belangrijk en zinvol de ervaring was. Hoe zwaarder, hoe meer werk er was verzet. Berry realiseerde zich dat het rendement pas op den duur voelbaar zou worden, een licht gevoel van verwarring was, hoe paradoxaal ook, zo kort na de cursus, een natuurlijke reactie. Hij zag het ook bij zijn trainingsmaatjes.

Om elf uur klonk er een gongslag, het signaal dat de afsluiting aangaf. Alle confrontaties, dieptegesprekken en spelletjes werden abrupt afgebroken en de deelnemers, de trainers incluis, ontspanden zich, lachten elkaar toe en omhelsden elkaar. Sommigen gaven een por of sloegen de ander op de schouder. Er was extraviet en het volume van de gesprekken ging omhoog.

Tegen halftwaalf had Berry het wel gezien. Hij was uitgeput en verlangde hevig naar een glas wijn op de rand van zijn bed.

Toen hij de buitendeur opende en een moment met gesloten ogen genoot van de frisse zucht in zijn gezicht, hoorde hij voetstappen achter zich.

'Hoi Ber, kan ik je even spreken?'

Henri's zachte stem.

Berry draaide zich om. 'Natuurlijk.' Hij kon het niet laten op zijn horloge te kijken.

'Loop maar mee naar de stafkamer verderop. Daar komen jullie normaal gesproken nooit, maar voor jou maak ik graag een uitzondering. Ik wil even een wijntje met je drinken. Ja, ik zie je wel kijken. Wijn. Franse, trouwens.' Henri liep de gang uit, sloeg linksaf en deed een deur open die toegang gaf tot een ruimte van ongeveer vijf bij zeven meter. Er stonden twee comfortabele banken, een tafel met een paar stoelen en wat hoge ladekasten. Berry keek Henri vragend aan.

'Ga zitten. Rood of wit?'

'Eh, een rode, graag.'

Henri schonk twee glazen in en ging tegenover Berry zitten.

'Zo. Pittig vanavond, of niet? Ik vond dat je het heel goed deed, Berry. Het is verbazend hoe snel jij het oppakt en de juiste insteek weet te vinden. Meestal zie je dat pas gebeuren na meerdere vervolgtrajecten, wist je dat?'

'Eigenlijk niet.'

'Het is zo. Weet je, we houden altijd in de gaten welke novieten komen bovendrijven, zeg maar, wie de echte talenten zijn. Dat gebeurt maar sporadisch en als het zover is, worden ze onderwerp van gesprek in de stafvergadering. Proost.'

Berry hield zijn glas onwillekeurig even omhoog.

'Hoe is het met je, Ber?'

De vraag overviel hem. Hij luisterde, moe gebeukt. Nu moest hij iets verzinnen. 'Wel goed, geloof ik.'

'Mooi. En dat is terecht, want ik heb een leuk bericht voor je.'

'O?'

'Ja. Jij bent dus een van de uitzonderingen die het in zich hebben om het hoogste level te bereiken. Ik hoor het Kahn nog zeggen: "Die Van Zanten is een sterke vent en hij wordt nog steeds sterker." Daar ben ik het mee eens. Er werd zelfs gespeculeerd dat je op den duur naar een staffunctie zou kunnen doorgroeien, een goedbetaalde post die een enorme bevrediging kan geven, omdat jij de sleutel hebt. De toegang tot mensen die je verder kunt helpen. Begrijp me niet verkeerd, ik vraag je niet om te solliciteren, ik weet dat je tevreden bent met je huidige baan, ik schets alleen maar een perspectief. Een beeld van jou, zoals dat is besproken tijdens de stafvergadering.'

Berry wist niet hoe hij moest reageren. Hij had zijn best gedaan, zich zelfs volledig ingezet, maar had zich nooit afgevraagd of hij het misschien beter deed dan anderen. Wat hij wel wist, was dat hij net zo diep was gegaan als de rest, met het bijbehorende zweet, de tranen, machteloosheid, wanhoop, triomf, blijdschap.

Natuurlijk deed het verhaal van Henri hem goed. Diep in zijn lijf juichte er zelfs iets. Hij was kennelijk niet alleen goed bezig, met op termijn een completer mens-zijn als beloning, er was nu ook waardering van de organisatie, een extra bonus voor zijn inzet. Hoe meer hij de woorden van Henri tot zich liet doordringen, hoe meer hij door dat laatste werd geraakt. Hij was niet meer een naamloze noviet, maar leek in de ogen van de staf door te groeien naar iemand die er ook voor de organisatie zelf toe deed.

De hint dat er mogelijk voor hem een plaats zou zijn op een hoger plan, bracht hem van zijn stuk. Nooit was het bij hem opgekomen een dergelijke loopbaan te overwegen. Ook nu wees zijn hele rationele wezen de suggestie af, maar het lukte hem niet de opmerking van Henri volledig van zich af te zetten.

Trots en voldoening hadden voorrang boven alle andere emoties, op één na misschien. Er was een warme deken over hem gelegd. De organisatie had een hand toegestoken die hem geborgenheid bood. Berry voelde zich door Henri's woorden opgenomen in het grotere geheel, hij maakte nu niet alleen in woorden, maar ook emotioneel deel uit van het gedachtegoed en de mensen die het vormgaven. Hij haalde diep adem. En nog een keer.

'Schrik je van, of niet?' zei Henri zachtjes.

Hij knikte. 'Het overvalt me een beetje, maar het is leuk om te horen.'

'Zou je erover willen nadenken? Het heeft natuurlijk geen haast, we zullen de komende tijd nog genoeg gelegenheid krijgen om wat met plannen te stoeien.'

'Ja.'

Henri schonk de glazen bij en keek Berry vervolgens glimlachend aan.

'Op je gezondheid en op die van Sygma.'

'Daar drink ik op. En op die van jou, Henri.' Langzaam kwam de ontspanning.

'O ja, dan is er nog iets anders. Ook een prettige mededeling, trouwens.'

Berry leunde achterover. 'Laat maar horen, ik zit hier steeds lekkerder.' Hij hield weer even zijn glas omhoog. De ontspanning zette aangenaam door.

'Jij gaat straks het vertrouwde traject doen van de leergang Jij en Ik. Klopt, of niet?'

'Dat klopt.'

'We zijn bezig een verkorte training op te zetten, met een iets aangepaste methodiek, voorlopig op individuele basis. Daarvoor zochten we een geschikte eerste kandidaat en we kwamen uit op Hella. Ze werd echt unaniem uitgekozen. Dat is leuk nieuws, vind je niet? En misschien een niet onbelangrijke bijkomstigheid: er zijn geen kosten aan verbonden, omdat ze als tijdelijke medewerker zal worden ingezet. Tenslotte helpt ze als het ware de nieuwe opzet vorm te geven.'

Berry had zijn glas neergezet op de lage tafel en bleef voorovergebogen zitten. De onrust was terug, sterker nog, er begon moedeloosheid te knagen. Hij zocht naar woorden. 'Met alle respect voor jullie innovaties en inzet voor verbeteringen, maar ik denk niet dat dit een goed idee is.'

Henri keek hem vriendelijk aan. 'En waarom niet, Ber?'

'Hella is... laat ik het zo zeggen, anders dan de meeste cursisten. Ze zoekt niet naar nieuwe openingen en mogelijkheden, ze gaat liever haar eigen weg, begrijp je?'

'Ze is een sterke vrouw, en dat siert haar.'

Berry knikte. 'Sterk, ja. En het kostte haar al veel moeite om zich voor de kennismaking op te geven. Er is geen schijn van kans dat ze aan een vervolg gaat meedoen. Ze denkt dat ze niet geschikt is voor Sygma en ik ben geneigd dat ook te vinden, hoe jammer ik dat ook vind.'

Het was even stil. Henri stond op, liep naar het raam en bleef een moment staan. Toen draaide hij zich om. 'Ze zal meedoen, Berry,' zei hij zachtjes, zonder te glimlachen.

Berry kreeg het koud. Hij kon niet benoemen waarom.

'Hella gaat meedoen met de korte training, Berry, omdat ze jou anders niet meer verstaat. Na jouw training heb je inzicht in de jij-en-ik-relatie, op een level dat niet meer te vergelijken is met de manier waarop jullie nu functioneren. Ze zal begrijpen dat het goed is om deel te nemen om je bij te kunnen benen.'

'Ze doet het niet, echt niet.'

'Wel als ze je dreigt te verliezen, Berry, want dat risico loopt ze. Als jij een paar levels groeit en de ander blijft stilstaan, kan er een probleem ontstaan. De kloof qua inzicht wordt groot en dat weet ze. Als ze jullie relatie waardevol vindt, begrijpt ze wat ze moet doen.'

Berry was niet meer in staat logisch te denken. Zijn uitgeputte hersens hadden nog geen tien minuten geleden een shot opwekkende dope gekregen, maar werden nu aan flarden geschoten met een mengeling van even redelijke als onuitvoerbare suggesties.

'Jullie moeten een ander zoeken, ze begrijpt het niet,' fluisterde hij.

De master ging zitten, recht tegenover hem. 'Daar ligt jouw verantwoordelijkheid. Luister goed, Berry. Wat ik nu ga zeggen is essentieel en kan de rest van je leven blijvend veranderen. Luister en reageer niet. Wil je me dat beloven?' Henri's stem was warm en vriendelijk.

Berry knikte, was niet tot meer in staat.

'De organisatie heeft een hoge dunk van je, dat heb ik je al verteld. We willen graag dat je erbij hoort omdat je een belangrijke toegevoegde waarde kunt hebben. Ik heb gezien hoe belangrijk je dat vindt, en terecht. Ik zag je dankbaarheid en wij zijn jou net zo dankbaar. We zitten in een fase van ontwikkeling, zowel jij als de organisatie, en dit momentum is voor ons allemaal van vitaal belang. Eenvoudiger gezegd, het is aan jou om het plan van de organisatie mogelijk te maken. Hella neemt deel aan een korte training die hooguit twee dagen duurt en het resultaat zal op jullie beiden een enorm effect hebben, dat beloof ik.'

Berry keek naar zijn halfvolle glas en wist het niet.

'Ik wil benadrukken dat onze waardering voor jou tot de keuze voor Hella heeft geleid. Het zou de staf buitengewoon teleurstellen als het je niet zou lukken mee te gaan in dit traject. Beste Berry, aspirant-familielid van onze organisatie, we willen je er graag bij hebben. Vergooi het niet. Het laatste wat we willen is, dat je uitgesloten wordt.'

Berry keek op, verschrikt en in de war. 'Wat bedoel je?'

'Het komt bijna niet voor dat iemand uitgesloten wordt, maak je geen zorgen. Maar een enkele keer gebeurt het dat een veelbelovende vrouw of man, vaker een man trouwens, faalt bij een essentiële taak. We zijn dan genoodzaakt – en dat gaat gepaard met veel verdriet, geloof me – volgens de richtlijn van het handboek diegene uit te sluiten.'

'En, wat…'

'Dat betekent, Berry, dat de basis kennelijk ontbreekt, de inzet tekortschiet, het heilige vuur niet wordt geïnvesteerd. Je kunt stellen dat in zo'n geval de organisatie in de steek wordt gelaten. En dan moet er onvermijdelijk tot uitsluiting worden overgegaan. Maar, nogmaals, dat komt gelukkig maar zelden voor.'

'En uitsluiting, is dat…'

'Ja, Berry. Dat houdt in dat je niet meer welkom bent. Voor mensen die willens en wetens falen, is er bij ons geen plaats.'

37

Er was geprobeerd met rozenstruiken nog iets van de perkjes te maken, maar ze waren kansloos tegen de oprukkende verloedering. Zwerfvuil bleef hangen tussen de stekelige takken, gedumpt en verregend drukwerk hoopte zich op. In de goot langs de groenstrook was een auto-asbak geleegd en tussen de bladeren van een zieltogend boompje hing een condoom, achteloos weggegooid, of er misschien vanuit een bizarre ingeving zorgvuldig neergelegd. Het percentage bizarre ingevingen in deze buurt lag hoger dan elders.

Langs de weg stonden volle vuilcontainers met ernaast vuilniszakken, deels opengekrabd door zwerfkatten en ten slotte doorwoeld door meeuwen. De stank was hier en daar ondraaglijk. Sinds een paar weken weigerde de reinigingsdienst de buurt schoon te maken, na ernstige intimidaties en bedreigingen door jonge bewoners.

In een halflege sloot lag een winkelwagen.

Naast de ingang van de supermarkt stond een donkere man van voorbij de Kaukasus viool te spelen. Hij had zich geschoren maar was een paar plekken vergeten. De man speelde zacht, en dat was niet vanwege valse bescheidenheid. Af en toe knikte hij als er een muntje in de schoenendoos voor zijn voeten werd gemikt. Ook lachte hij dan, wat hij beter kon laten omdat het kleine kinderen afschrikte.

Achter de supermarkt stonden drie grijze flatgebouwen in het gelid, zo dicht op elkaar dat goedgetrainde bewoners een tennisbal zouden kunnen overgooien. Er waren veel schotels tegen de muur geplakt en de drie balkons met bloembakken benadrukten paradoxaal genoeg de treurigheid van de honderden andere.

Er was een hond vastgebonden bij de ingang van de supermarkt. Hij was klein en had een zwarte krullende vacht, op het eerste gezicht een bijzonder aaibaar dier. Dat dacht een kortgeknipte puberjongen ook. Hij hurkte en stak zijn hand uit. Dat had hij beter niet kunnen doen.

Op het kleine parkeerterrein schuin voor de winkel stond een aantal schamele auto's; de enkele oude getunede BMW hoorde daar beslist bij. Eén auto viel wat uit de toon, een recente Renault Kangoo, een wagen die in betere buurten als een modieuze tweede auto werd beschouwd. Heel erg down-to-earth, fijn antisnob en, toch ook meegenomen, best praktisch.

Deze Renault was eigendom van Sygma.

'Jij één?' vroeg Werner en hij stak de bak frites omhoog die hij een kwartier geleden had besteld bij Snekhoek Karels ('Als u houd van parels').

Voronin zat achter het stuur en schudde zijn hoofd. Tegen beter weten in had hij Werner een hamburger laten bestellen, die hij na drie happen het raam had uit gegooid. Iets smerigers had hij nog nooit binnengekregen. Het deed hem denken aan de levertraan die hij jaren geleden van zijn moeder moest slikken als de r in de maand zat. Zijn maag had een ontvankelijke houding omgezet in kokhalzend verzet.

Hij was strontchagrijnig.

Ze stonden hier inmiddels drie uur en alles begon hem de keel uit te hangen. Uiteraard het uitzicht op de verpauperde omgeving, die hem herinnerde aan de troosteloze eenzaamheid van vroeger. De kleine flat waarin een zijkamertje dat zijn moeder in gebruik had voor verstelwerk, zijn zogenaamde jongenskamer was geweest. Hij had een uitgeknipte krantenfoto van Sharon Stone tegen de wand boven zijn opklapbed gehangen, wat zo ongeveer de inrichting completeerde. In al zijn ellende had hij er eindeloos liggen masturberen.

Voronin ergerde zich ook aan Werner. Als die zijn mond hield en ze bezig waren met een klus, was er weinig aan de hand. Maar als ze aan het posten waren, als er uren moesten worden overbrugd, dan werd het gewauwel gaandeweg onverdraaglijk. Hij moest zich inhouden de resterende frites niet met geweld Werners strot binnen te rammen.

'Hé, moet je kijken wat een reet die kut heeft, jezus, met zo'n paardenreet vraag je toch een vergunning aan, Charly, om op straat te schijten?'

Hij ging er niet op in en keek naar de ingang van de supermarkt.

'Weet je wat die kut in de snackbar zei? Hé, Charly, weet je wat ze zei?'

Het was volstrekt onnodig om te reageren.

'Dag, mooie jongen, dat zei ze. Gaaf, of niet? En weet je wat ik zei? Nou?'

Voronin had een sigaret opgestoken en zweeg.

'Jij bent niet mooi, maar daar staat tegenover dat je wel lelijk bent, dat zei ik tegen die kut. Lachen man, ze keek me aan!'

Ze heeft op mijn hamburger gezeken, ging het door Voronin heen.

Maar vooral het wachten, het nietsdoen zat hem dwars. De kans op succes was klein, besefte hij. Van Manen had weliswaar de gewoonte een paar keer per week in de namiddag de winkel te bezoeken, maar er was geen enkele garantie dat hij dat ook vandaag zou doen. Voronin voelde zich machteloos. Hij had de opdracht de dissident Van Manen uit te schakelen en er werd al weken druk op hem uitgeoefend. De staf werd ongeduldig. Hij wilde niets liever dan snel en schoon zijn taak vervullen. Het zou hem een hogere rang kunnen opleveren als de opdracht geruisloos werd uitgevoerd en, wat voor hem vooral telde, de warmte en erkenning van de organisatie. Hij had zijn thuis gevonden en niets maakte hem gelukkiger dan te merken dat hij erbij hoorde.

Klaus had het heel duidelijk gezegd. 'Charly, je bent belangrijk voor ons.'

Dat had hij gezegd en mooier had hij het niet kunnen formuleren.

Voronin wilde niets liever dan belangrijk zijn voor de organisatie. Daar had hij veel, nee, alles voor over.

'Hé, Charly, moet je kijken! Die kop! Zie jij wat ik zie?'

Voronin had geen enkele behoefte de blik van zijn maat te volgen. Hij opende het raam en schoot zijn peuk weg.

'Man, dat is hem! De eikel!' Werner stompte zijn baas tegen zijn schouder. 'Kijk dan! Dat hoofd, kijk nou, die zak met die tas in zijn hand!'

Voronin was wakker. De wat gebogen figuur die Werner aanwees, herkende hij niet, de man slofte naar de ingang. Hij had geen foto van de achterkant van Van Manen gezien.

'Waarom denk je dat het hem is?' vroeg Voronin vermoeid.

'Hij keek om, hij keek me ongeveer aan! Ik zweer het je! Hij is het!'

Voronin zuchtte en staarde naar de sjofele man.

Die bleef even staan, alsof hij twijfelde. Hij keek over zijn schouder in de richting van de parkeerplaats.

Toen was ook Voronin overtuigd.

'Jij gaat. Raak hem niet kwijt en val vooral niet op.'

38

Berry was de hele avond onder de pannen met een training, de zon scheen uitbundig, ze had een leuke dag achter de rug en Pierre had gebeld met het voorstel 'iets lekkers weg te zetten aan de oever', waarmee hij doelde op het terras van Island in the Sun. Alles overziende kon Hella geen goede reden bedenken om dat geen uitstekend plan te vinden.

Het was kwart over zes toen ze arriveerde. Ze keek rond en begreep dat ze Pierre vóór was. Er waren een paar stoelen vrij op een riante plek direct aan het water, en verheugd ging ze zitten. Vrijwel onmiddellijk stond er een blonde studente met een te kort rokje naast haar die vroeg wat ze wilde drinken.

De zon kroop al naar zijn schuilplaats maar het bleef zwoel. Hella genoot van het uitzicht en ze stelde vast dat ze het hier ook alleen moeiteloos uren zou uithouden.

Een late surfer gleed wankelend in traag tempo langs het terras. Er was nauwelijks wind. Het lukte de amateur niet een tiental eenden met rust te laten, die kwakend een paar meter verkasten en daarna weer doelloos verder dreven. Mooi, dat eendenleven, dacht Hella. Gewoon een beetje rondhangen met je vrienden en familie op een mooi meer.

Ze sloot haar ogen, genoot van de zon en werd zich bewust van de geuren in haar omgeving. Een snufje zanderig veen, een restje sigarettenrook, een wolkje grilgeur uit de keuken en, heel in de verte, iets wat aan een mannengeur deed denken. Ja, ze wist het nu zeker. Ze rook een man.

'Neemt u me niet kwalijk, mevrouw, is deze stoel nog vrij?' Prettige stem.

Ze deed haar ogen open en glimlachte. 'Eigenlijk niet, ik wacht op iemand.'

'Aha. Op wie, als ik vragen mag?'

'Dat mag u. Ik wacht op een lange, magere man met een ironische blik in de ogen en een uitstraling van iemand die wil uitstralen dat hij alles onder controle heeft. Een zekere Steven Barend, maar dan iemand anders.'

Marsman ging zitten. 'Denk je zo over me?'

'Zou je dat vervelend vinden? Ik vind het een redelijk positieve omschrijving.'

Pierre lachte. 'Ik wist niet dat je een uitstraling kunt uitstralen.'

'Jou lukt het.'

'Dag Hella, ben je hier al lang?'

'Zo'n anderhalf uur. Ik wilde net opstappen.'

Hij wenkte de studente. 'Ik kende deze kant nog niet van je. Je bent wreed. En dat tegen iemand die oneindig kwetsbaar en sensitief is. Je breekt mijn hart.'

'Waar zit dat bij jou?'

'Je straft me. Wat heb ik je misdaan? Waar heb ik gefaald?'

'Je hebt me nog geen hand gegeven. Heel onbeleefd en eigenlijk onvergeeflijk, Pierre Marsman.'

'Je hebt gelijk. Ik ben je gezelschap niet waard. Mag ik het goedmaken met een handkus?'

'Vooruit. Ja, hallo! Je hoeft hem niet op te eten!'

'Sorry, ik had wat goed te maken.'

'Zo erg was het nou ook weer niet.'

De blonde studente keek hen om beurten vriendelijk knikkend aan.

'Jij nog een witte, Hella?'

'Lekker.'

'Doet u maar een flesje in een koeler, juffrouw. Met een glas erbij. En wat lichts en hartigs om te knabbelen, graag. Zo, Hella, wat fijn om je weer te zien. De rode zon weerkaatst in het water en verlicht je haar, wist je dat?'

'Bloem? Rawie? Komrij?'

'Van Everaet, 1940, een vergeten dichter.'

'Terecht, lijkt me.'

'Volkomen terecht. Hoe was je dag?'

Hella keek hem aan. 'Nogal druk, maar leuk druk. Er was een zakenman met vliegangst die voor zijn werk naar Tokio moest.'

De koeler werd neergezet en Pierre schonk in. 'Hoe los je zoiets op? Heb je hem aangeraden een andere baan te zoeken?'

'Nee, hoor. Ik heb hem heel geduldig de alternatieve reis beschreven. Met de trein via Winschoten naar Wladiwostok en dan nog een paar keer wisselen van boot. Heel goed te doen in een dag of veertien.'

'En toen?'

'Hij kneep zijn ogen dicht en fluisterde dat hij een retourtje businessclass wilde.'

De zon was allang onder, maar de temperatuur hield stand. De eenden hadden zich teruggetrokken en het was rustig geworden op het terras.

De fles witte wijn was leeg en de glazen bijna.

'Ik zou er nog een kunnen bestellen,' zei Pierre.

Hella schudde haar hoofd. 'Doe maar niet, anders loopt het uit de hand.'

'Heeft ook wel iets.'

Ze keek hem aan. 'Je bent een schurk.'

'Dat is juist. Heb je trouwens nog nagedacht over het kennismakingsweekend?'

'Ik heb mijn best gedaan om het niet te doen, maar dat lukte niet.'

'Dat herken ik. Wat is je conclusie?'

Hella antwoordde niet meteen, eigenlijk had ze geen conclusie. 'Ik weet het niet. Het zal voor sommige mensen best goed zijn, tenminste, dat wil ik aannemen. Als je zag hoe er soms gereageerd werd... zo enthousiast en blij. Ik denk dat je een bepaalde instelling moet hebben, ik bedoel, als je geen zelfvertrouwen hebt, zal het wel prettig zijn om een club te vinden die een arm om je heen slaat en zegt: "Kom op, meid, je kunt het."'

'En jij?'

'Ik voelde er niets bij, in ieder geval niet iets wat ik waarschijnlijk had moeten voelen. Ja, ik werd op een gegeven moment kwaad, maar dat was maar even en ik kreeg een paar keer de slappe lach, wat natuurlijk niet de bedoeling was. Maar verder voelde ik me een vreemde, iemand met een volledig ongeschikte achtergrond. De boodschap was: "Leg je er maar bij neer dat wij het beter weten." Dat moet je tegen mij niet zeggen. Hoe was het met jou?'

Pierre keek haar aan. Zijn mond lachte, zijn ogen twijfelden. 'Hetzelfde. Ik voel me daar niet thuis. Maar het blijft me intrigeren dat zoveel mensen naar zo'n weekend komen en zich daarna vol overgave in vervolgtrainingen storten. Dat geeft aan dat de methoden die worden gebruikt slim en effectief zijn.'

'En heb je nu genoeg materiaal voor een mooi verhaal?'

Hij knikte. 'Meer dan genoeg. Maar het laat me niet los, vooral de psychologie die erachter zit. De gerichte beïnvloeding, de verholen dwang, het hele spel waar over elk detail is nagedacht. Fascinerend. Ik denk erover me voor een of andere vervolgtraining op te geven. Uit professionele nieuwsgierigheid.'

Ze nam een laatste slokje. 'Kijk maar uit, straks ben je om.'

'Ik ben journalist, Hella, vergeet dat niet.'

'Hm.'

'Ik vermoed dat je niet met me meedoet aan een vervolg?' vroeg Pierre zachtjes.

'Nooit van mijn leven.'

39

Het klopt niet, dacht Tom van Manen.

Hij wist dat hij de laatste tijd een irrationele angst had ontwikkeld die aan paranoia grensde en dat hij zijn zintuigen moest wantrouwen om niet krankzinnig te worden. Waar hij zich ook bevond, altijd voelde hij de dreiging, overal nam hij verdachte situaties waar, ook als hij zich probeerde in te prenten dat zijn veronderstellingen bizar waren. Hij had een fijn oog ontwikkeld voor verdachte omstandigheden als een opvliegende merel, een langzaam langsrijdende scooter, een peuter die naar hem wees, een loslopende onbekende hond. In principe was alles verdacht, zelfs de kassajuffrouw die hem 'nog een fijne dag' toewenste. Wat bedoelde ze daarmee? Wist ze meer dan hij over het verdere verloop van zijn dag?

Ik weet dat ik overal spoken zie, dacht Van Manen, maar toch klopt het niet. Het ging hem om de combinatie van verder onopvallende dingen.

Die auto. Te nieuw voor deze buurt, afwijkend model. Dat kon, er kwamen vast weleens bezoekers van elders. Maar er zaten twee mannen in. Ook dat kwam vaker voor, maar niet op de parkeerplaats van een supermarkt, leek hem. Eén man, dat kon nog, die wachtte dan waarschijnlijk op zijn vrouw die boodschappen deed. Hier zaten er twee te wachten. Op twee vrouwen? Sodemieter toch op. Twee mannen in een afwijkende auto, het klopte niet.

En wat al helemaal niet klopte, was dat een van de mannen naar hem gekeken had, hij had het duidelijk gezien, en even later ook de tweede. Wat was er aan hem te zien? Niks bijzonders. Waarom keken ze niet naar de blonde vrouw die op dat moment passeerde? Nou? Er klopte niets van.

Van Manen keek nog één keer om, vlak voor hij het toegangspoortje door liep. Hij kon nog net een man zien uitstappen, vanaf de bijrijderskant. Een wat slungelachtige jongeman met kort blond haar dat omhoog stond. Van Manen dook de winkel in en liep met grote passen via de groenteafdeling en de zuivel naar de schappen met wijn. Daar bleef hij staan, achter een uitstalling met aanbiedingen. Als hij iets door zijn knieën ging, kon hij een groot deel van de ruimte bekijken zonder zelf gezien te worden. Hij probeerde zijn adem onder controle te krijgen en wachtte.

Veel pauze kreeg hij niet. De lange man slenterde de zaak binnen, bleef hier en daar staan om een product te bestuderen en keek van tijd tot tijd wat peinzend om zich heen. Toen hij bij de melk was aanbeland, realiseerde Van Manen zich dat de afstand tussen hem en de achtervolger geslonken was tot hemelsbreed twintig meter. Als het nodig was, kon hij zich achter een volgend schap terugtrekken, maar die beslissing moest hij vooral niet te lang uitstellen.

De man deed een paar stappen in zijn richting en keek nu duidelijk speurend rond. Het leek of hij haast kreeg. In hoog tempo liep hij langs een schap met deegwaren naar het volgende pad, probeerde het middengedeelte te overzien en kon nu kiezen tussen de drankenafdeling links en de schoonmaakmiddelen aan de andere kant.

Van Manen wist dat hij geen tijd te verliezen had. Hij moest hier weg, verder terug naar de achterkant van de winkel, in de hoop daar een schuilplaats te vinden. Zorgvuldig, met zijn hoofd iets omlaag, bleef hij in de luwte van een aantal hoge schappen met non-food en bereikte veilig een stellage met een koffieautomaat voor gratis zelfbediening, waarachter hij zich verschool. Hij had zich nu teruggetrokken tot in de verste uithoek van de winkel en hij realiseerde zich dat hij in feite in de fuik was gelopen, in een doodlopende weg. Als de lange man hem hier vond, kon hij geen kant meer op.

Het plan via een omweg te proberen ongezien de zaak te verlaten, had hij al lang opgegeven. De handlanger in de auto zou hem onvermijdelijk opmerken, waarna hij vogelvrij zou zijn. Hij had geen keus: hij moest uit het zicht van zijn achtervolger zien te blijven.

De man naderde, rustig lopend over het middenpad, en keek links en rechts, telkens als hij een stelling passeerde. Hij was het schap voorbij waar Van Manen zich zo-even had verborgen. Nog vijf zijpaden voor hij de achterwand zou bereiken. Vier.

Van Manen voelde dat de paniek vanuit zijn buik optrok en zijn hoofd bereikte. Hij begon te hijgen.

Drie zijpaden.

Van Manen schrok van een geluid pal achter hem. Toen hij omkeek, zag hij een verschaalde oudere man bierflesjes in een flessenautomaat duwen.

Twee zijpaden.

Hij zag ook de deur naast de automaat.

40

'Kutzooi,' zei Werner.

Voronin was de auto uit gekomen toen hij zag dat zijn maat de supermarkt uit liep. Hij keek Werner niet aan. De ingang, daar ging het om. Wat naar binnen ging, moest er ooit weer uitkomen.

'Je bent een waardeloze eikel,' zei hij zacht. 'Sygma zal niet blij zijn, jongen, als dit niet goed gaat. Ze zullen mij erop aankijken omdat ik jou heb binnengehaald.'

'Het slaat nergens op! Jij hebt hem ook die kutwinkel zien binnenlopen! Maar hij is er niet!'

Voronin bleef naar de ingang staren. 'En dat weet je zeker.'

'Ik ben drie keer die kuttent rondgelopen! Hij is er niet, man!'

'Dan is hij dus opgelost. Of zit hij nog ergens onder de spruitjes? Bedoel je dat?'

Werner had zijn handen in zijn zakken gestoken en trok zijn schouders op. 'Weet ik veel. Hij is er niet. Niet meer, in elk geval.'

'Heb je achter de toonbanken gekeken? Van de vleeswaren, het brood?'

'Natuurlijk.'

Voronin dacht na. Hij stak een sigaret op terwijl hij de ingang in de gaten hield.

'Hij had je door, dat kan niet anders.'

Zijn maat deed zijn hoofd opzij en spuugde. 'Slaat nergens op, hij kent me niet. En ik heb me als een gewone kutklant gedragen, ik ben een pro.'

'Daar lijkt het niet op als je zo'n klootzakje kwijtraakt in een winkel. Hij wist dat je achter hem aan zat en is je steeds een stap voor gebleven. Dat kan in een supermarkt, als je telkens op tijd achter een volgend schap wegduikt en er op het juiste moment omheen loopt. Je hebt niet goed gezocht. Ik zal het helaas moeten rapporteren.'

'Kutzooi. Ga dan zelf kijken.'

Voronin zuchtte. 'Dat was ik al van plan. Een volwassen man kan niet verdwijnen tussen de tandpasta. Jij houdt de ingang in de gaten, iedere minuut, iedere seconde. Als je hem ziet, bel je.'

Voronin pakte het professioneel aan. Via het middenpad kon hij de dwarspaden overzien en bij elk volgend pad rende hij naar links, tot aan de doorgang langs de zijkant, terug naar het midden, om vervolgens rechts dezelfde manoeuvre uit te voeren. Het slachtoffer zou zo geen enkele kans maken en opgejaagd worden naar de blinde hoek achter in de zaak, net voorbij de laatste schappen. Geen ontsnapping mogelijk, hield Voronin zich voor.

Het werd een moedeloos makende onderneming.

Toen hij terugliep naar de auto kwam hij tot een conclusie.

Of Van Manen was slimmer dan hij en had zich verborgen op een plaats die hij over het hoofd had gezien. Of hij was ontsnapt. Weg. Missie mislukt.

Natuurlijk had hij de deur naast de flessenautomaat gezien.

Het zou kunnen, maar niets was zeker.

'We blijven hier tot de winkel sluit,' zei hij.

41

Berry van Zanten zette zijn fiets tegen het hek in het voortuintje en vroeg zich af of hij zou aanbellen.

Zijn relatie met Hella was behoorlijk opgeklaard en hij had geproefd dat haar verlangen naar fysieke verwennerij eerder sterker werd dan afnam. Dat pleitte voor het gebruik van de sleutel. Anderzijds kwam hij vanavond met een boodschap, of liever een verzoek, waarbij hij de indruk had dat een bescheiden opstelling verstandig zou zijn.

Al drie dagen liep hij rond met onrust in zijn lijf. En als dat alles was, viel het nog wel mee.

Hij zat klem.

Alsof hij mocht kiezen tussen opgeknoopt worden en de elektrische stoel. Berry vroeg zich af wanneer het effect van zijn trainingen voelbaar zou worden.

Sygma dreigde hem eruit te gooien, ondanks het feit dat ze een hoge dunk van hem hadden. Al zijn inzet, al het krediet dat hij had verworven, zou betekenisloos zijn. Hij was er trots op dat de groep hem als een talent en als vriend – 'familielid' zei Henri – had opgenomen en de gedachte alsnog te worden afgewezen was onverteerbaar.

Ze hadden Hella gekozen. Vanwege het feit dat ze sterk was, nota bene. Op zich een compliment, natuurlijk. Ze hadden aan haar gedacht vanwege haar kwaliteiten. Die gedachte verschafte enige troost.

Maar hoe kon hij haar in vredesnaam overhalen de training te gaan doen? Hij kon haar tegenargumenten nu al uitschrijven en haar niet eens ongelijk geven. Daarbij kwam dat hij haar niet onder druk wilde zetten. Dat paste niet bij hem en zeker niet bij hun relatie. Daarvoor hield hij ook te veel van Hella.

Maar er was geen keus, vanavond moest het gebeuren. Komend weekend was de training gepland.

Dodelijke injectie of de kogel.

Berry belde aan.

'Wie is daar?' vroeg de intercom.

'Berry.'

'Ha, lieverd. Je hebt toch een sleutel?'

Hij had Hella laten vertellen over haar belevenissen, een glas witte wijn voor haar ingeschonken, haar wang en nek gestreeld, haar schouders zachtjes gemasseerd.

Maar hij kon het niet blijven uitstellen.

Berry aaide haar hoofd, glimlachte en kuste haar voorzichtig, niet vragend, louter lief.

'Wat is er met je?' vroeg ze. 'Is er iets gebeurd? Je bent zo stil. Je kijkt ook anders.'

Ze ziet het, ze ziet alles. Ik ben gek op haar.

'Nee, er is niets gebeurd. Nou ja, ik wil het even ergens anders over hebben.'

'Zie je wel? Iets op je werk?'

Berry pakte zijn glas en maakte een draaiende beweging. De wijn bleef juist onder de rand. 'Nee, nee. Ik had een gesprek bij Sygma, met Henri, je weet wel.'

Hella reageerde niet.

'Je bent uitgenodigd voor een korte training. Gratis.'

Ze keek hem aan en begon te lachen. 'Sorry, al kreeg ik er geld op toe, ik vond het kennismakingsweekend wel genoeg. Hoe komen ze op het idee? Nou ja, zeg.'

Berry knikte. 'Ik begrijp je reactie. Laat ik het proberen uit te leggen.' Hij nam een slokje en keek haar aan.

Ze keek terug met een niet onvriendelijke, maar sceptische glimlach.

'Het gaat om een nieuwe, verkorte Jij en Ik-training en ze waren op zoek naar een geschikte kandidaat. Een sterke, intelligente persoonlijkheid. Dat bén jij. Je weet dat ik de langere training volg, en de gedachte is dat onze relatie sterker wordt als we beiden hetzelfde pakket doen. Je loopt anders toch de kans dat je wat uit elkaar groeit. Daar zit natuurlijk iets in. Ik begrijp heel goed dat je steigert bij de gedachte daar nog eens een paar dagen rond te lopen, ik weet dat je daarin anders bent dan ik. Maar aan de andere kant, misschien is een kleine investering in onze relatie helemaal niet zo verkeerd. Het lijkt soms of we minder delen dan vroeger, je begon er laatst zelf nog over.'

Hella stond op, keek naar de grond en reikte met haar vingers naar haar voorhoofd. 'Jezus, Berry, hoe kun je dit nou aan me voorstellen? Je weet toch hoe ik erover denk. Het is mijn club niet en volgens mij weten zij dat ook.'

Hij schudde zijn hoofd. 'Henri denkt daar heel anders over. Ze hebben veel liever cursisten die stevig in hun schoenen staan dan wankele types. Kan ik me wel iets bij voorstellen.'

'Lieve Berry, ga me dit niet vragen. Doe me dit niet aan.'

Hij zuchtte. 'Ik was al bang dat het gesprek zo zou verlopen en ik weet niet wat ik verder moet zeggen om je te overtuigen. Ik begrijp je en respecteer je reactie. Je zou het kunnen overwegen ten behoeve van onze relatie, maar als het een te grote opgave is, moet je het gewoon niet doen.'

'Dat is een kloteopmerking, Berry. Je zit nu aan mijn integriteit te knagen, aan mijn inzet voor onze relatie. Die zou ik terug kunnen spelen, maar dat doe ik niet.'

Het was even stil. Toen knikte Berry.

'Sorry, je hebt helemaal gelijk. Ik wil je niet onder druk zetten, echt niet. Vergeef me alsjeblieft. Ik zit gewoon in een rotsituatie, ik kan geen kant op.'

'Je kunt geen kant op? Hoezo? Je kunt toch gewoon nee zeggen? Dat ik geen zin heb?' Hella ging weer zitten en probeerde zich te herstellen. Ze wilde voorzichtig zijn met Berry. Ze had hem eerder kwetsbaar zien glimlachen, met vochtige ogen, en die kant ging het nu ook op. Hij verdiende geen harde aanpak.

'Ze gooien me eruit,' fluisterde hij.

Hella legde een hand op zijn schouder. 'Welnee, idioot, dat doen ze nooit. Je bent zo'n goeie en trouwe klant, die gooien ze er echt niet uit. Waarom zouden ze?' Ze had een moment het gevoel dat ze met gespleten tong sprak. Zat ze hier zijn betrokkenheid bij die club te verdedigen? Nee, bedacht ze. Ze verdedigde Berry.

Hij hoestte en keek naar zijn handen. 'Als het me niet lukt je te overtuigen…' Hij was bijna onverstaanbaar.

'Wat dan?'

Het duurde lang voor hij antwoord gaf. Ongewoon hard, ruw en met een voor Hella onbekende stem: 'Dan heb ik gefaald, verdomme!'

42

Het was nog donker toen Hella besefte dat ze niet meer sliep.

Ze lag op haar buik en voelde hoe haar linkerbeen voorzichtig iets opzij gelegd werd. De neiging opnieuw weg te zeilen, werd ergens op de grens van haar bewustzijn afgezwakt en verdween ten slotte nadat de hand zachtjes en langzaam via de binnenkant van haar dij haar billen had bereikt. Daar maakte hij juist genoeg rumoer om haar in sluimertoestand te houden. Ze was wakker noch in slaap. Een kwartier lang wist Hella niet waar ze was, maar genoot ze van felle kleuren en muziek die ze nooit eerder had gehoord. Een moment drong het tot haar door dat haar onderlichaam bewoog. Het gebeurde vanzelf, ze had er geen invloed op.

Toch werd ze even wakker, heel kort, toen ze opschrok vanwege een geluid dat haar ontsnapte. Een snurk, een kuch? Ze wist het niet en viel weer in slaap.

Een uur later, toen straatgeluiden tot haar begonnen door te dringen, herinnerde ze zich de droom. Droom? Ze lag met haar rug naar Berry toe en hoorde aan zijn ademhaling dat hij nog diep in slaap was. Ze bewoog even en voelde aan een zachte aai langs haar bil dat hij een erectie had. Misschien moest hij plassen. Misschien lag het aan haar bil. Het was warm en vertrouwd.

Ik weet het niet, dacht ze.

Twee dagen, had Berry gezegd, dat was alles.

Het was onzinnig, onzalig en nutteloos. Ze had er de oren, de hersens, de antenne niet voor. Een Jij en Ik-training, wat moest ze daar in godsnaam leren? Neuken? Dat kon ze al. Praten ging haar aardig af, luisteren ook.

Ik weet het niet.

Berry had er wel iets over losgelaten. Het ging om een 'hoger niveau van communiceren', 'een hoger level van begrip voor elkaar'. En dat je daarna de emoties die je met elkaar deelt 'als het ware dieper beleeft'. Dat die gevoelens waardevoller worden en dat de band die je dan ontwikkelt veel 'hechter en rijker' is. 'En wie zou dat niet willen?' had hij er nog bij gezegd.

Daar had hij een punt. Natuurlijk wilde iedereen dat. Maar moest je daarvoor twee dagen naar een boerderij, om te luisteren naar een goeroe die zelf kennelijk met zijn partner het hemelse had bereikt? Had die Kahn eigenlijk wel een vriendin of vriendje? Zou ze die dan even te spreken kunnen krijgen?

Ik weet het niet.

Berry was wel erg van zijn stuk geweest, gisteravond. Het was alsof ze dreigden zijn arm af te hakken. Het liefst had ze hem gerustgesteld door te zeggen dat die vanzelf weer zou aangroeien, maar ze wist dat de poging zinloos zou zijn.

Hij zal zich geamputeerd voelen, dacht Hella. Een wezenlijk deel van zijn leven wordt hem afgenomen. Ik wil hem niet ontnemen wat hem dierbaar is, wat zo belangrijk is voor Berry.

Hallo, waar slaat dit op? Ik ga toch niet naar een cursus waar ik niet achter sta? Ik ben er ook nog! Een paar jaar geleden heb ik mijn zelfvernietigende slachtoffergedrag in de wc gegooid en doorgespoeld en nou zal ik me weer iets laten aanpraten? Ben je besodemieterd!

Ze draaide zich voorzichtig om. Berry sliep nog. Zijn wang was iets scheefgezakt en er hing een druppel speeksel in zijn mondhoek. Het vertederde haar en ze kuste het weg. Hij bewoog even.

Kut, ik weet het niet.

Zo erg was het nou ook weer niet geweest, dat zogenaamde kennismakingsweekend. En die Henri, och, die had ook wel iets grappigs, iets charmants. Misschien waren er wel mensen die ze kende, Wendy of zo. Dat zou een hoop uitmaken.

Hella deed haar ogen dicht en legde heel voorzichtig haar hand om Berry's erectie.

43

Sacha Bakker had een hap genomen van haar zorgvuldig samengestelde sandwich en bedacht dat ze de volgende keer toch beter salami kon kiezen dan de fletse ham die ze nu zat te eten. Salami paste beter bij de rucola en het toefje pesto. Ze was iemand die experimenteerde en altijd op zoek was naar de juiste ingrediënten.

Misschien dat ze daarom apothekersassistente was geworden.

Niet dat het broodje onsmakelijk was, verre van dat. Er was weinig wat Sacha onsmakelijk vond en dat was haar probleem, wist ze. Een klein jaar geleden was ze de honderd kilo gepasseerd, ondanks alle middelen die ze met korting van de apotheek kon betrekken.

Toch was ze een vrouw die sjans had, merkte ze regelmatig. Aan de goede kant van de veertig, ongetrouwd, blond en met, wat haar ooit was gezegd, 'een engelachtig gezicht' zat ze nooit lang alleen op haar kruk in het café. En natuurlijk was het compliment van haar baas, Frank de Wit, al zeventien jaar de apotheker van de zaak, ook aangekomen. 'Wat zie je er vandaag elegant uit, Sacha,' had hij laatst gezegd. Ze had de scène talloze keren in haar hoofd afgedraaid en zich laatst zelfs een knipoog gepermitteerd toen ze een kop koffie voor hem neerzette.

Ze nam nog een hap en kauwde zorgvuldig.

Parmaham. Ja, parmaham, dat was misschien nog beter.

Telefoon.

Dat was nou vervelend, zo halverwege haar creatie. Ze legde de sandwich op een servet, stond op, slikte de laatste resten uit haar wangzakken door en pakte de hoorn.

'Buurtapotheek West. Met Sacha Bakker, wat kan ik voor u doen?'

'Goedemiddag, mevrouw Bakker, dokter Waanders hier, afdeling Urologie van het Amalia Ziekenhuis. We zitten met een klein probleem.'

Sacha's vrije hand ging naar haar haar en draaide een krulletje. 'Zegt u het maar, dokter. Ik hoop dat ik kan helpen.'

'Dat kunt u vast, mevrouw. Het gaat om het volgende. We hebben hier een patiënt die binnenkort een kleine ingreep zal ondergaan. Uiteraard moeten we de medicatie op elkaar afstemmen. Hij zegt dat hij medicijnen krijgt voorgeschreven, maar weet niet goed welke. Dus wil ik graag van u horen wat hij de laatste tijd van jullie krijgt.'

'Waarom belt u zijn huisarts niet, dokter, die weet dat toch ook?' Sacha keek naar haar halve sandwich.

'We nemen de kortste weg, mevrouw. Moet ik u uitleggen dat de huisarts een extra schakel is en dus de betrouwbaarheid van de informatie verkleint? Ik wil van u weten wat de patiënt slikt.'

Sacha Bakker keek naar het plafond. 'Ik kan toch niet zomaar...'

'Mevrouw Bakker, ik kan ook vragen of u me met De Wit wilt doorverbinden, maar die heeft vast wel iets anders te doen. We zijn hier een operatie aan het plannen, mevrouw, graag een beetje tempo.'

Ze voelde dat ze bloosde. Rotgevoel.

'Hoe heet de man, dokter?'

'Tom van Manen, geboortedatum 14-6-'64.'

'Een ogenblikje.'

Ze rolde haar stoel een meter naar rechts en typte de naam in. 'Dokter Waanders?'

'Uw antwoord graag.'

'Valium. Alleen valium. Even kijken wat voor dosis...'

'Is nu niet belangrijk, we weten voldoende en hartelijk dank. We kunnen nu verder dankzij uw medewerking.'

Sacha Bakker maakte weer een krulletje. 'Daar ben ik blij om, dokter.'

'Nog een laatste vraag, mevrouw Bakker. Klopt het dat Van Manen nog op Meerpaal 224 woont? Daar is wat onduidelijkheid over.'

Ze keek naar het scherm. 'Hier staat Torenweg 214.'

'Dus toch. Dank u, mevrouw, u was een hele hulp.'

'Graag gedaan. Goedemiddag.'

Sacha Bakker pakte haar broodje, keek er even naar en verheugde zich.

44

Smerige buurt, vond Charly Voronin.
Het was halftien en het schemerde. Als Van Manen thuis was, zou er langzamerhand licht te zien moeten zijn.
De auto hadden ze een straat verderop geparkeerd. Er was hier weinig plaats en bovendien was er het risico dat Van Manen de wagen zou herkennen. Ze hadden zich verschanst in een bushokje op ruim honderd meter afstand van het flatgebouw. Van tijd tot tijd haalde Voronin een kleine kijker uit zijn jaszak en keek hij naar de ramen van het appartement.
Drie keer stopte er een bus, drie keer reed hij onverrichter zake door.
'Kutzooi,' zei Werner.
Dat vond Voronin ook, maar hij weigerde te knikken.
Er schuifelde een vrouw in hun richting. Ze oogde ver in de tachtig, had een lach op haar gezicht die ze niet meer kon verwijderen en schudde continu met haar hoofd. Onder haar regenjas droeg ze een pyjamabroek en vilten sloffen. Ze had een touw in haar hand met aan het uiteinde een halsbandje. Dat sleepte achter haar aan over de stoep.
'Kom maar,' zei ze. 'Doe het maar, dan kan mama weer naar huis.'
Toen ze langsliep, keek ze Voronin hoofdschuddend aan. 'Hij komt over een kwartier, de bus. U moet nog even geduld hebben,

hoor. Hij komt altijd over een kwartier.' Ze wees met een vinger naar zijn borst. 'Dat u niet over een uur denkt, waar blijft ie nou? Altijd over een kwartier. Goedenavond.'

Voronin tuurde door zijn kijker naar de flatwoning. De gordijnen waren vanaf het moment dat ze arriveerden gesloten geweest. Toch zag hij een verschil met zo-even. De kleur van het zijraam was onmiskenbaar lichter dan twee minuten geleden.

'We gaan,' zei hij.

'Zag je wat?'

'Je hebt een snelle geest, Werner.'

Om uit het zicht van de dissident te blijven, moesten ze het pleintje mijden. Het duurde ruim vijf minuten voor ze de omtrekkende beweging hadden gemaakt en de achterkant van het flatgebouw bereikten. Vandaar liepen ze, dicht tegen de muur, het blok om en gingen de kleine portiek binnen. Beiden droegen een ijsmuts die ze ver over hun oren hadden getrokken.

Voronin belde aan bij een van de bovenburen van Van Manen. Binnen een paar seconden kwam er een reactie uit het luidsprekertje. 'Ja?'

'Politie, goedenavond. We kregen een melding over een verdachte persoon die zich in de buurt van uw galerij ophoudt. Wilt u de buitendeur even opendoen?'

Er klonk een zoemer en een moment later stonden Voronin en Werner in het trappenhuis. Daar bleven ze staan en luisterden. Er waren vage televisiegeluiden, maar geen voetstappen of stemmen.

'Niet meer praten en je hoofd wegdraaien als we iemand tegenkomen,' zei Voronin.

Werner knikte.

Na vier korte trappen bereikten ze de eerste verdieping. Voronin bleef staan, stak zijn hand op en keek voorzichtig om de hoek van het portaal. De galerij was bezaaid met rotzooi, maar mensen waren er niet. Voronin wachtte nog even, luisterde, knikte naar zijn partner en ging de volgende trap op.

Halverwege de zesde trap hoorden ze gestamp. Tweevoudig gestamp. Er kwamen mensen naar beneden.

'Terug!' gromde Voronin.

Ze renden de trappen af en doken de galerij van de eerste etage op. Daar bleven ze staan.

Het bejaarde echtpaar was niet op weg naar buiten, maar naar hun benedenburen. Toen ze Voronin en Werner passeerden, groetten ze vriendelijk.

'Bonsoir,' zei Voronin. Hij had hen niet aangekeken.

Een halve minuut later stonden ze voor nummer 214.

45

Panisch had Tom van Manen zitten denken wat hij moest doen. Dat ze hem op het spoor waren, was duidelijk. Hij mocht dan in een toestand verkeren die grensde aan achtervolgingswaan, wat hij had meegemaakt in de supermarkt was maar voor één uitleg vatbaar.

Ze waren dichtbij.

Het was hem gelukt ze af te schudden, maar voor hoe lang?

Hij moest hier weg, weg uit deze buurt, weg uit deze stad. En ondertussen over zijn schouder blijven kijken en voorspelbaar gedrag vermijden. Het weinige dat hij nodig had, zou hij aanschaffen in een winkel ver van de wijk waar hij nu nog woonde.

Zo zou hij het doen.

Plichtmatig liep hij langs het raam van zijn woonkamer en controleerde of de gordijnen goed gesloten waren. Het kleine rukje dat hij gaf, was eigenlijk overbodig.

De bel ging en een moment wist hij niet wat het geluid betekende. Er had, afgezien van de zogenaamde journalist, niemand aangebeld sinds hij hier woonde. Hij had geen contact met de buren, niemand kende hem.

Tom van Manen keek op zijn horloge. Tien over tien. Hij begon te transpireren. Wie belde er in godsnaam om tien over tien bij hem aan?

Het was niet de zoemer van beneden, die had hij sinds het bezoek van de journalist uitgeschakeld. Het was de deurbel. Er stond iemand op de galerij, op nog geen vijf meter afstand.

Van Manen veegde het zweet van zijn gezicht, liep twee keer op en neer in zijn kamer en kwam tot een verschrikkelijke conclusie.

46

'Bel nog een keer,' zei Voronin.

Ze wachtten opnieuw een minuut.

'Kutzooi,' bromde Werner.

Voronin haalde een platte doos uit zijn binnenzak, opende hem en controleerde de inhoud. Twee kleine spuiten voor éénmalig gebruik en in een foedraaltje twee capsules met digoxine. Het zag er keurig uit, alles was in orde.

'Breek open,' beval Voronin en hij wees naar de voordeur.

Zijn compagnon deed zijn lange regenjas open en maakte de kleine koevoet los die aan zijn broekriem hing. Hij wrong de bek van het instrument tussen de deur en de sponning en trok, gebruikmakend van het hefboomeffect.

De deur, net als de hele flat, stamde uit de tijd van de utiliteitsbouw. Op kwaliteit kon wel bespaard worden, was de gedachte geweest. De klus kostte Werner dan ook weinig moeite. Met een lichte tik gaf het slot zijn verzet op. Na nog enig wrikken stond de deur op een kier. Met zijn pink duwde Werner de deur iets verder open.

Voronin stak zijn hand op en bewoog zich niet.

'Ik hoor niks,' fluisterde Werner. 'Weet je zeker dat hij er is?'

Voronin hield zijn wijsvinger tegen zijn lippen en knikte. Hij stapte zonder geluid te maken het huis binnen. In het halletje bleef hij staan. Hij wenkte zijn maat en gebaarde dat die de voordeur moest sluiten. Dat lukte niet goed vanwege het vernielde slot. Uiteindelijk werd het zaakje klemgezet met het breekijzer en zou er op de galerij voor een argeloze voorbijganger niets opvallends te zien zijn.

Voronin keek om zich heen. Links een deur die half openstond. Waarschijnlijk de slaapkamer, bedacht hij. Rechts ook een deur, zonder twijfel een wc en een douche. Tegenover de ingang een deur waarvan de bovenste helft voor het grootste deel uit matglas bestond. Vaag was er verlichting doorheen te zien.

Hij merkte nu dat het stonk. Een doordringende geur met elementen van zweet en stront, oud vuil en schimmel. En kattenzeik, onmiskenbaar. Hij huiverde even.

Voronin wees naar de linkerdeur en knikte. Werner keek voorzichtig om de hoek en liep de kleine kamer binnen. Voronin volgde. De ruimte was niet leeg, verre van dat. Er stond een eenpersoonsbed dat niet was opgemaakt. Op de grond lag een bundel kleren, naast een paar kartonnen dozen. In de hoek stond een half geopende kast. Van menselijke aanwezigheid leek geen sprake. Werner inspecteerde de kast, keek onder het bed en schudde zijn hoofd.

Ze verlieten de slaapkamer en Werner deed drie stappen in de richting van de rechterdeur.

Voronin knikte.

Het kleine badhok stonk naar vocht en menselijk afval, maar was leeg.

'De woonkamer,' zei Voronin bijna onhoorbaar. 'Doe rustig open, we willen hem niet aan het schrikken maken. Hou hem vast op de afgesproken manier. Desnoods breng je hem even in slaap door zijn ademhaling te onderbreken.'

'Ik weet het,' fluisterde Werner. Hij opende de deur, ging naar binnen en keek rond.

'Kutzooi,' zei hij, iets harder nu.

Tom van Manen was nergens te bekennen.

Voronin overzag de kamer en moest concluderen dat er geen enkele plek was waar een volwassen man zich zou kunnen verbergen.

Er was nog één ruimte waar ze niet waren geweest.

'Hij zit in de keuken,' zei Voronin. 'Verder kon hij niet. Pak hem.'

Ze bekommerden zich niet meer om hun stem of het geluid dat hun schoenen op het zeil maakten. Een paar seconden later gooide Werner de keukendeur open en dook naar binnen. Iets door zijn knieën gezakt, met zijn armen uitgestoken, keek hij naar links, toen naar rechts, en was stomverbaasd. Hij ging rechtop staan en liet zijn handen zakken.

'Dit kan niet,' stamelde hij.

'Kasten,' zei Voronin. 'Kijk in de kasten. Ook onder het aanrecht.'

Werner deed het.

Niets.

Pas toen viel het Voronin op dat de keuken toegang gaf tot een klein balkon. Toen hij de deur opende, hoorde hij geschreeuw. Geen vrolijke kinderstemmen of geroep van voetballende jeugd, maar kreten van angst en ontzetting. Er was daar beneden iets gaande dat zelfs de door het leven geteisterde bewoners van deze buurt in paniek bracht.

Voronin stapte het balkon op en keek omzichtig over het hekwerk naar beneden.

Er was een oploop van tientallen mensen die wilde gebaren maakten. Sommigen hielden een mobiel tegen hun oor, er werd gevloekt en gewezen. Voronin zag ook wat de oorzaak was van de commotie. Hij glimlachte even en dacht aan het compliment dat hij van de organisatie zou krijgen. Zijn hand ging onwillekeurig naar de doos in zijn binnenzak.

Digoxine bederft niet, schoot het door hem heen.

47

Vaak kwam het niet voor dat Hella op vrijdagavond niets te doen had en ook nog alleen was. Er was altijd wel ergens een borrel, een feest of een etentje, of anders organiseerde ze zelf wat. En als er geen programma was, kwam Berry meestal langs.
 Nu niet. Hij zat op de hoeve, als voorbereiding op een vervolgtraject.
 Hella besloot het er nog even van te nemen. Ze zou er een luie en decadente avond van maken, met diepvriespizza, witte wijn, Franse kaas, paling, *Het diner* van Herman Koch, een reisgids over Tibet en de tv op Animal Planet, dan hoefde je niet te kijken.
 Toch viel het nog niet mee van haar vrijheid te genieten. Dat had natuurlijk alles te maken met het naderende weekend. Ze had na lang aarzelen gevonden dat ze zich maar over haar weerstand heen moest zetten. Als ze dit niet voor Berry over had, dan... et cetera. Twee dagen, dat was alles. Even doorbijten. Ze vond het erg genereus van zichzelf, en Berry was in tranen geweest, de schat.
 Een prettige bijkomstigheid was dat Pierre het weekend ook op de hoeve zat, zij het dat hij 's avonds wel naar huis mocht. Hij had zich opgegeven voor een of andere zwetscursus van een paar dagen, die morgen van start ging. Berry en Pierre in de buurt, dat kon nog best knus worden.
 Pierre was nieuwsgierig, maar ging met tegenzin, had hij haar gisteravond verteld. Hij had haar 's middags gebeld en gevraagd of

ze zin had een borrel met hem te drinken en daarna wat tapas te verschalken. Daar had ze even over na moeten denken, ze wilde zich niet te vaak afspraakjes met Pierre permitteren. Bovendien zou Berry langskomen. Toen die afbelde, had ze haar schouders opgehaald en was ze na haar werk naar het café gefietst.

Pierre had zich fysiek wat laten gaan. Niets onfatsoenlijks of ernstigs, maar niettemin.

'Mag ik je hand even zien? Ik ga je vertellen welk beroep eigenlijk het meest geschikt voor je is.'

Hij had haar hand in de zijne genomen en was met de vingers van zijn andere langs elk bereikbaar plekje gegaan. Het leek op strelen, maar ze moest hem vooral niet verkeerd begrijpen, het ging om harde wetenschap.

'Kijk, hier bij je pols, die kleine versmalling. Duidt op inlevingsvermogen.'

'Je kletst.'

'En hier...' Hij gleed met een vinger over de muis van haar hand. 'Hier voel ik weerstand. Verzet. Die komt hier terug, weet je.' Hij aaide haar wijsvinger.

'Je lult. En op wat voor beroep ben je uitgekomen?'

'Hoe kan ik dat nou weten. Daarvoor moet ik veel meer onderzoeken dan je hand. Het idee, zeg.'

Hij had haar over haar rug gewreven, zachtjes en kort, en haar ten slotte vluchtig op haar voorhoofd gekust. Allemaal niets verontrustends, maar het was onmiskenbaar dat er grenzen werden verkend.

Hella deed een vet stuk paling op een toastje en nam een hap. Ze pakte de Tibet Gids, liet zich achteroverzakken en deed haar ogen dicht. Vaag hoorde ze dat er een reebokje geboren werd op Animal Planet.

Binnen twee minuten was ze vertrokken.

Henri had geen tijd om televisie te kijken.

Hij zat achter zijn laptop en was bezig een schema voor de komende dagen samen te stellen. Vanmiddag was er een lange vergadering met Kahn geweest, waar Klaus nadrukkelijk niet voor was uitgenodigd. Klaus was een loyale vent, maar te rigide om vernieuwingen en verbeteringen van het protocol zelfs maar te overwegen. Op tegenwerking zaten ze niet te wachten, het ging om een taak van vitaal belang.

Kahn had een aantal suggesties gedaan voor programmaonderdelen. Henri zou kijken wat hij ermee kon, maar had zich voorgenomen zoveel mogelijk zijn eigen plan te trekken. Tenslotte was hij de man met de meeste praktijkervaring.

Het viel nog niet mee een training van een week te comprimeren tot een paar dagen, en toch een aanvaardbaar resultaat mogelijk te maken. Belangrijk was om de meest essentiële psychologische ingrediënten toe te dienen, en wel in versterkte vorm. Iets waar normaal een dagdeel voor stond, moest nu in een uur worden samengebald. Het fysieke onderdeel, meestal verspreid over de dag, met hier en daar momenten van ontspanning, moest worden geïntensiveerd. Ontspanning zou in dit geval niet productief zijn, wist Henri. De psychische druk, altijd afgestemd op het incasseringsvermogen van de gemiddelde kandidaat, zou moeten worden opgevoerd.

Cruciaal voor de effectiviteit van het programma was de volgorde van de elementen. Daarbij moest hij letten op de juiste afwisseling van fysieke en psychologische onderdelen, het tempo, en met name op de stemmingsprogrammering van de kandidaat.

Henri keek naar de notities op zijn scherm en knikte. Alles draaide erom het Breek en Bouw-principe versneld door te voeren. Hij mocht niets aan het toeval overlaten, alle omstandigheden moesten worden beheerst. Daarom had hij besloten de medicijnkast van de organisatie te raadplegen. Een passende farmaceutische begeleiding van de kandidaat zou een nuttig faciliterend effect kunnen hebben.

Ten slotte had hij nagedacht over de randvoorwaarden. Voedsel en drank waren natuurlijk onontbeerlijk, maar moesten een functie vervullen binnen het kader. De troost van een kop soep kon natuurlijk een net opgebouwde spanning volledig tenietdoen. Een goede timing van onthouding was essentieel in dit verband.

De locatie had Henri al eerder bedacht. De sessie zou niet gericht zijn op het sociale element, het delen van ervaringen kon nu juist een verwoestend effect hebben. Een geïsoleerde omgeving, zonder kans op onverhoedse ontmoetingen, was dus een vereiste.

Henri realiseerde zich dat het experiment een teleurstellende uitkomst kon hebben. Veel zou afhangen van zijn expertise en ervaring. Hij wist dat het zware dagen zouden worden en dat hij alles moest geven wat hij in huis had.

En dat gold vanzelfsprekend ook voor de kandidaat.

Hella Rooyakkers.

Sterke vrouw.

Henri vroeg zich af hoe sterk, en hoeveel tijd hij nodig zou hebben. Het was spannend. Twee dagen? Zou het zelfs nog sneller kunnen?

Hij had er zin in.

48

'Wie had dat ooit gedacht,' zei Berry opgeruimd. 'Jij en ik samen een paar dagen op de hoeve.' Hij sloeg rechtsaf de smalle landweg op.

'Ik niet,' zei Hella.

'Ik al helemaal niet.'

'Jammer dat jij niet blijft slapen. Ik denk dat ik vanavond wel wat psychische en fysieke troost kan gebruiken.'

Berry lachte. 'We sparen het op tot zondagnacht. En troost heb je vast niet nodig. Morgen heb je vooral wat te vieren, lijkt me. Doen we samen.'

Ja, dacht ze, morgen heb ik zeker iets te vieren. Dat het erop zit, bijvoorbeeld. Dat ik naar huis mag en een glas wijn kan drinken en toosten op het feit Sygma voltooid verleden tijd is. Waar begin ik in vredesnaam aan?

Berry voelde wat haar bezighield. 'Het is soms even afzien, lieverd, maar je komt er altijd sterker uit dan je erin ging. Belangrijk is dat je je overgeeft.'

Dat is nou juist mijn probleem, dacht ze.

'En als je terugkijkt, lach je om die paar momenten dat je het moeilijk had.'

Fijn dat je me probeert op te beuren, maar het werkt niet. Jij bent een adept, ik een verschrikkelijke scepticus.

'Heb je alles bij je?' vroeg Berry.

Ze haalde haar schouders op. 'Een schone onderbroek, tandpasta en paracetamol, dat lijkt me wel voldoende.' Ze vertelde niet dat ze ook een flesje witte wijn met schroefdop in haar tas had gestopt. Het kon zomaar zijn dat ze na het dagprogramma een plekje zou zoeken waar ze zich even kon ontspannen. Zittend op de rand van haar bed leek een prima optie. 'Op mij,' zou ze zeggen.

Toen ze het terrein op draaiden, besefte Hella dat er nu definitief geen weg terug meer was. De gedachte greep haar bij de keel. Rationeel was er feitelijk niet veel waarover ze zich druk hoefde te maken, maar die conclusie hielp niet. Er was maar één alom aanwezige emotie: ik wil dit niet!

'Ik zet je af bij de receptie, ik neem aan dat je daar opgevangen wordt,' zei Berry. 'Ik zet daarna de auto wel weg. Op de privéparking, zo ver heb ik het al geschopt.'

Ze had zin om een cynische opmerking te plaatsen, maar beheerste zich.

'Nou, daar ga je dan. Hou je haaks en ik zie je morgen. En nogmaals: ik vind het erg sterk en lief dat je het kunt opbrengen. Je krijgt er geen spijt van. Dag lieverd.'

Ze stapte uit en zwaaide even.

Wat sta ik hier lullig alleen met mijn tasje, schoot het door haar heen. Dat duurde maar kort, want twintig meter verderop kwam er een bekende naar buiten die glimlachend op haar toeliep.

'Hallo Hella, fijn dat je er bent,' zei Henri. Hij stak zijn hand uit. 'Heb je een goede reis gehad?'

'Het was niet ver,' zei ze.

'Is ook zo. Kom, we gaan eerst even naar de together-ruimte voor een kop koffie. Zul je wel zin in hebben. Die kant op.'

Hella liep met hem op en keek opzij. 'Naar de wat?'

'Meestal noemen we het gewoon de soos, hoor.' Hij lachte. 'Iedereen moet in het begin een beetje wennen aan de vaktermen die de organisatie gebruikt. En soms hoor je nog de Amerikaanse wortels. Sorry, we hebben hier een beetje een Engelstalige tic.'

Hella vroeg zich af hoe ver die afwijking ging, maar kreeg geen gelegenheid de gedachte af te maken. Henri liet haar voorgaan in een ruime kamer waarin een paar bankstellen stonden.

'Ga zitten, ik haal even koffie. Alles erin?'

Een minuut later zaten ze tegenover elkaar, met een lage tafel tussen hen in. Hella zat op de punt van haar stoel, Henri ontspannen achterovergeleund op een bank.

Hij keek haar vriendelijk aan, maar zei niets, wat haar onzeker maakte.

'En wat gaat er gebeuren?' vroeg ze, om de stilte te verbreken.

'Van alles, Hella. We hebben een heel gevarieerd programma voor je bedacht, je zult je geen moment vervelen, dat beloof ik je.'

Daar was ze al bang voor. 'Ik wil niet ondankbaar lijken, maar ik heb nog plannen voor morgenavond. Hoe laat zijn we ongeveer klaar?'

De trainer reageerde niet direct. 'Dat is moeilijk te zeggen, Hella. Het hangt ervan af hoe snel je de dingen oppikt.'

Ik ga de dingen snel oppikken, dacht ze. Verschrikkelijk snel.

'Toen ik me aanmeldde, zeiden jullie dat het om maximaal twee dagen zou gaan. Er is dus ook een kans dat ik morgenochtend al weer thuis zit?'

'Beste Hella, laten we eerst maar eens het traject in gaan, dat lijkt me verstandiger. Trouwens, voordat we beginnen, zijn er nog een paar punten van orde. Je slaapt niet in een van de slaapzalen, maar alleen, in een privéruimte. Je mag dat als een voorrecht beschouwen.'

Dat was enigszins geruststellend. Een beetje privacy vanavond kon geen kwaad.

'En deze vraag stellen we aan iedereen die een vervolgtraining doet, het hoort bij het protocol: lijd je aan een chronische aandoening of ziekte, of gebruik je medicijnen?' Henri keek haar ernstig aan.

Vreemde vraag. 'Waarom wil je dat weten?'

'We moeten dat vragen, het is wettelijk voorgeschreven. Iets verzekeringstechnisch, juridische kwestie, meer niet. Zou je antwoord willen geven?'

Vooruit. 'Nee. Nee. Nee.'

'Nergens last van, dus?'

Ze schudde haar hoofd.

'Mooi, daar ben ik blij om. Ik zou bijna zeggen: het is je aan te zien. Je ziet er sterk uit, Hella, mag ik dat zo zeggen?'

Voor mijn part, dacht ze. Ze haalde haar schouders op.

'En dan wil ik dat je nog even een krabbeltje zet onder het standaardcontract.' Hij legde een paar dichtbeschreven A4'tjes voor haar neer, met een nietje tot elkaar veroordeeld.

Hella keek naar de papieren. 'Wat staat daar allemaal in?'

'Niet veel bijzonders. Nog wat juridische dingen, die lui willen alles vastleggen, een beroepsziekte, volgens mij. Maar ja, het moet nou eenmaal.'

Hella wist het even niet. 'Dus iedereen moet dit tekenen?'

Hij knikte. 'Formaliteit, hoor. Voor jou is het standaardcontract iets aangepast, omdat het om een betrekkelijk nieuwe aanpak gaat.'

Ze wist het nog steeds niet. 'Wat is er dan anders aan?'

'Nou, dat je bijvoorbeeld niet op de slaapzaal hoeft. Andere novieten moeten dat wel. Dat soort dingetjes. Kijk, daar graag een krabbeltje.' Hij sloeg het laatste vel open en reikte haar een balpen aan. 'Die mag je trouwens houden. Service van de zaak.'

Hella nam de pen aan, haalde haar schouders op en tekende.

49

Om halfelf stapte Pierre Marsman in de Jaguar en gooide zijn jasje op de achterbank. De zon scheen en het zou alleen nog maar warmer worden.

Pas om twaalf uur moest hij zich vervoegen op de hoeve, wat hem ruim de tijd gaf voor een bezoekje aan zijn nieuwe kennis, de voormalig docent, beeldend kunstenaar en klokkenluider Tom van Manen. Het leek hem interessant nog wat door te vragen over de persoonlijke belevenissen van de man. Bovendien zou hij graag dieper ingaan op de achterdocht en angst die de blogger koesterde. Waar was het wantrouwen precies op gebaseerd? Waren er concrete feiten die zijn houding rechtvaardigden? Ging het louter om geruchten of om getuigenissen en verifieerbare gebeurtenissen? Het zou het verhaal dat hij ging schrijven diepgang geven en vanwege de persoonlijke benadering herkenbaar maken voor de lezer.

De wijk waar hij inmiddels doorheen reed, zou trouwens ook een goede reportage verdienen, bedacht hij. Links een leegstaand flatgebouw met ingegooide ruiten, verderop een gezinswoning met dichtgetimmerde ramen. Een verroeste auto die van zijn wielen was ontdaan. En laatst was hier het jeugdhonk afgebrand, had hij gelezen. Aangestoken. Het deed hem denken aan oude films over Harlem en Bombay.

Marsman parkeerde zijn auto en stak het armzalige woonerf over. Er schopte een jongetje tegen een allang overleden wipkip. Even later belde hij aan.

Na een halve minuut nog eens, nu iets langer.

Geen reactie.

Marsman vroeg zich af wat hij zou doen. Een buurman vragen de buitendeur te openen? Zou het uitmaken? Van Manen was kennelijk te angstig om op de bel te reageren.

Er diende zich een andere mogelijkheid aan. De portiekdeur werd geopend door een middelbare man met een enorme omvang. Zijn postuur zat zijn longen kennelijk in de weg, hij hijgde. Zijn gezicht was rood en bezweet. Ondanks het feit dat hij een wit trainingspak droeg, geloofde Marsman niet dat de man sportieve plannen had.

'Ik zou graag van de gelegenheid gebruikmaken om naar binnen te gaan,' zei de journalist. 'Mijn vriend slaapt kennelijk nog, hij reageerde niet op de bel.'

De dikke man keek hem met kleine oogjes aan. 'Wie is die vriend? Op welk nummer zit die?'

'Van Manen. Tom van Manen. Hij woont op nummer 214.'

De man begon met korte hikjes te lachen. 'Je bedoelt die halve zool? Die gare kunstenaar?'

Marsman glimlachte. 'Er steekt weinig kwaad in Tom.'

'Altijd zijn gordijnen dicht, nooit eens op de galerij voor een pilsje.' De dikke man maakte een draaiende beweging met zijn wijsvinger ter hoogte van zijn slaap.

'Hij woont hier nog maar kort, is het niet?' vroeg Marsman.

'Woonde.'

'Pardon?' Marsman keek de dikke man verbaasd aan. 'Is hij weer verhuisd?'

'Dat kun je wel zeggen. Naar de eeuwige jachtvelden, meneer. Hij heeft nergens meer last van, de mazzelaar.'

Marsman was even uit het veld geslagen. 'U bedoelt... bedoelt u...'

'Ja. Zijn kop was gebarsten, net als zo'n overrijpe sinaasappel die je op de grond keilt.'

Het duurde een paar seconden voor Marsman kon reageren. Hij voelde dat zijn hartslag begon op te lopen. 'Wat is er gebeurd?'

De dikke man haalde zijn schouders op. 'Hij is een paar dagen geleden van het balkon gesprongen. Kon zijn hoofd niet tegen.'

Marsman knikte. 'Waarom deed hij dat?'

'Wie zal het zeggen? Ik zei toch al dat hij niet spoorde?'

Van Manen was bang geweest, er was iets gebeurd waardoor hij in paniek was geraakt, besefte Marsman. Maar wat?

'Het kan natuurlijk ook zijn dat ze hem naar beneden hebben geflikkerd,' zei de man.

Ja, dat kon ook. 'Hoezo?'

'Bewoners hebben kort voordat het gebeurde een paar kerels in de flat gezien. Rare jongens met mutsen. Het is voorjaar, meneer. Zeg nou zelf! Mutsen! En ze spraken Frans. Dat deugt al helemaal niet. Hier zitten geen Fransen.'

'En is de politie...?'

'Ja, vanzelf. Maar ja, deze buurt, hè? Proces-verbaaltje, rapportje, klaar. Er zijn er hier zoveel die de tent sluiten, begrijpt u?'

Marsman overwoog niet om zijn bezoek aan de hoeve af te blazen, integendeel. Hij was buitengewoon geïntrigeerd geraakt door wat hem door de man in het trainingspak was verteld. Het was alsof de contouren van zijn verhaal vorm begonnen te krijgen. Bewijzen voor vals spel van Sygma had hij nog steeds niet, maar dat een blogger die de organisatie in diskrediet brengt onder verdachte omstandigheden was overleden, was beslist meer dan een vage journalistieke verdachtmaking. Hij nam zich voor maandag het voorval bij de politie na te trekken.

Het was hoe dan ook een bizar verhaal.

Op zich verraste het hem niet dat Van Manen in staat zou zijn tot de fameuze wanhoopsdaad. De man was doorgedraaid en had de beheersing over zijn gevoelens al een poos geleden verloren.

Maar ja, die mannen. Mutsen, Frans. Het zei allemaal niets en veel is door toeval te verklaren.

Maar toch.

Marsman parkeerde zijn auto en wandelde over de smalle weg naar het hoofdgebouw.

Hij hoefde zich niet eens in te prenten zijn ogen wijd open te houden en alle details tijdens zijn bezoek aan de hoeve in zich op te nemen. Tegelijkertijd had hij het opwindende gevoel dat hij in een verhaal zat dat kon uitgroeien tot een zaak. Een kwestie die aandacht ging trekken, en niet alleen in Nederland. Elke journalist was op zoek naar een kwestie.

Dé kwestie.

Enigszins opgewonden, maar zonder ook maar een moment te twijfelen aan zijn talent de controle over zijn emoties te behouden, meldde hij zich bij de receptie.

Als hij heel eerlijk was, moest hij toegeven dat de opwinding voor een klein deel werd veroorzaakt door een totaal andere kwestie.

Hella.

Ze was hier en er was alle kans dat hij haar zou treffen.

50

Het viel haar weer op dat Henri een vrij klein mannetje was. Zelf was ze niet groot en ze vermoedde dat hij een paar centimeter bij haar achter zou blijven. Wel was hij een stuk breder.

Ze wandelden over de smalle weg langs de gebouwen en Henri vertelde ontspannen over de verschillende ruimtes, de werkplaatsen, de moestuinen en het scharrelpluimvee dat verantwoordelijk was voor de zondagomelet, een bijzondere delicatesse. Het gerecht stond symbool voor de aanpak van Sygma, legde hij uit. 'Een natuurlijk, gezond en nieuw product, gecreëerd door bestaande ingrediënten zorgvuldig opnieuw te rangschikken.' Hij keek haar even aan. 'Is maar een grapje, hoor. Ik verzin ze waar je bij staat.'

Daar was ze al bang voor.

'En links zijn de slaapzalen van de vaste bewoners, met daarachter de reinigingsruimtes. Daar kun je heen als je je vies of schuldig voelt. Het is soms heerlijk om alle shit en vuiligheid van je af te douchen, er wordt veel gebruik van gemaakt.'

Verderop waren een paar mensen aan het schoffelen tussen kniehoge groene planten. Aardappelen, dacht Hella. De tuinlieden waren gekleed in Sygma-overalls en staken hun hand op toen ze langsliepen. Henri knikte. Even later hadden ze de hoeve en bijgebouwen achter zich gelaten. De weg was nu versmald tot een pad dat een naaldbos in kronkelde.

'Waar gaan we heen?' vroeg Hella. 'Het trainingscentrum zit toch in die schuur?'

Hij keek opzij en glimlachte. 'Dat klopt, maar we hebben er nog een. Op een idyllisch plekje verderop. Je bent een gezegend mens, Hella, we mogen gebruikmaken van het chalet.'

Ze wist niet goed wat ze ervan moest denken. Henri had haar een privéruimte beloofd, waar ze blij mee was, maar voor de rest leek het haar wel zo aangenaam een beetje tussen de mensen te zitten. Kop koffie, beetje kletsen straks, wijntje uit eigen tuin desnoods. Vanavond mixen met Berry of Pierre. Wat moest ze in een chalet in the middle of nowhere?

'We zijn er bijna,' zei Henri zachtjes. 'Kijk, een Vlaamse gaai, die zit hier al jaren.'

Vijf minuten later draaide het pad naar rechts en maakte het bos plaats voor een strook hei. Langs de randen stonden forsythia's in bloei. Twintig meter van het weggetje stond een ruime blokhut, met bloembakken onder de ramen en luiken ernaast. Hella moest toegeven dat het er erg aantrekkelijk uitzag.

'Mooi, of niet?' vroeg Henri. 'Dit is ons buitenverblijf.' Hij haalde een sleutel uit zijn zak en deed de deur open.

'Wel een beetje eenzaam,' zei ze.

Henri lachte. 'Ik beloof je dat je hier niet eenzaam zult zijn. Kom, ik zal je je kamer wijzen.' Hij wenkte, ging naar binnen, liep een gangetje door en opende een zware houten deur. 'Zo, hier woon je de komende dagen.' Hij praatte nu iets harder dan Hella van hem gewend was.

Ze schrok. De kamer was leeg, op een bed en een stoel na. In de hoek een klein raam. Het was verre van idyllisch, het leek op een grote kast met een deur die op slot kon. Hella begon zich ongemakkelijk te voelen.

'Nee, veel comfort is hier niet, dat heb je goed gezien.' Henri's stem klonk opeens anders, harder, zakelijk, afstandelijk. 'We hebben nu geen tijd voor comfort, voor onzin als gezelligheid en spelletjes, Hella. We gaan aan het werk, genoeg gekletst.'

Het beviel Hella totaal niet. Ze had zich met tegenzin voor een training aangemeld en nu begon het charmante baasje Henri haar een beetje af te bekken. Waar was ze in vredesnaam aan begonnen?

'Hier.' Henri gooide haar een bundeltje toe.

'Wat is dat?'

'Een overall. Trek die aan, ik wil niet dat je je eigen kleren bevuilt of kapotmaakt. Dit ding kan ertegen.'

Waartegen? Wat gebeurt hier?

'Trek aan, zei ik. Ja, nu. De relaxfase is voorbij, Hella, hier op de Sygmahoeve heeft alles zijn tijd, zacht en hard, tolerant en streng, genot en pijn, strelen en straf, begrijp je? Daar moeten we allemaal doorheen, jij ook, en ik zal je daarbij leiden.'

Ze was verbijsterd en het duurde even voor ze kon reageren. 'Waar gaat dit over? Hoezo moet ik ergens doorheen? Ik heb hier helemaal geen zin in, Henri, ik weet nu al dat dit niks voor mij is. Ik hou ermee op. Jammer voor Berry, maar hier kan ik niet tegen. Ik leg het hem later wel uit.'

Henri ging voor haar staan en glimlachte. 'Een heel goede reactie, Hella, daar kunnen we mee verder. Als je anders had gereageerd, had ik moeten twijfelen aan mijn oordeel. Je zit op schema. Overall, nu!'

Hella liep naar de deur, maar hij was haar voor. Ze kon geen kant op. Dit ging fout, faliekant fout. 'Laat me erdoor, ik ga naar huis.'

Henri stak zijn armen omhoog en week geen millimeter. 'Ja, in orde. Ik help je wel even of doe je het liever zelf? Ik ga twee minuten weg en dan heb je de overall aan. Je moet er even doorheen, Hella, net als iedereen. Achteraf zeg je: Goh, het viel best mee. Doorbijten, dit is de fase waar je het meest van leert. Pijn went, let maar op.' Hij deed twee stappen opzij.

'Ik ga hier weg!' Ze pakte haar rugzak en wilde de deur opendoen.

'Sorry,' zei Henri. 'Ik heb de sleutel.'

Hella bleef staan, keek naar de grond en schudde langzaam haar hoofd. 'Ik geloof dat ik gek word,' fluisterde ze. 'Ik wil naar buiten en jij zegt: "Ik heb de sleutel."'

Hij glimlachte. 'Ik heb een sleutel, ja. Maar jij ook, Hella. Je buik is een sleutel, je hoofd. De deur gaat open als jij opengaat, begrijp je? Het is heel eenvoudig, we werken aan je openheid, en als jij opendoet, ben je vrij. Dat gaat veel verder dan deze deur.'

'Je bent gestoord. Ik wil eruit.'

'Je mag eruit als we eruit zijn.'

Hella keek hem aan en wees naar zijn borst. 'Ik stop ermee! Dringt het een keer tot je door? Je kunt me hier niet vasthouden!'

'Een poosje wel,' zei Henri zacht. 'Je hebt je vrijwillig laten opnemen, Hella.'

'Ik heb niks…'

Hij zuchtte. 'De verklaring die je hebt getekend, weet je nog? Je verzoek om opname op een gesloten afdeling. We hebben een licentie en mogen je aan je contract houden.'

Hella verkilde en verstijfde. Ze was hier niet, dit bestond niet. Ze keek naar een slechte imitatie van zichzelf. De kopie stond er klungelig en lamgeslagen bij, en probeerde iets te zeggen.

'Je… ik ga…' Het was of haar mond was volgepropt met een enorme tong die niet van haar was. 'Ik ga naar de politie, als je me niet laat gaan.' Ze herkende haar eigen stem niet. Het leek op rochelen.

'Grappig dat je daarover begint,' zei Henri opgewekt. 'Weet je dat we twee inspecteurs en een hoofdcommissaris in ons bestand hebben? Hele loyale cursisten.' Hij keek haar weer glimlachend aan. Natuurlijk hadden ze in de voorbereiding rekening gehouden met een dergelijk dreigement. Maar als de deprogrammering succesvol zou verlopen – en waarom zou dat niet het geval zijn – dan zou Hella geen enkele aandrang meer hebben de politie in te schakelen.

Hella zei niets. Er kwamen eenvoudigweg geen woorden.

'Ik begrijp dat je even moet slikken,' zei Henri vriendelijk. 'Dat is heel normaal. Het komt wel goed, geloof me maar.' Hij haalde een kleine thermosfles uit zijn jaszak en schonk de dop vol. 'Ik wil dat je wat drinkt, het zal je goed doen. Extraviet, uit eigen tuin. Toe maar.'

In een reflex pakte ze het bekertje aan, dronk het leeg en wist meteen dat ze het niet had moeten doen. Een rukwind trok door haar hersens die weer snel ging liggen. Diepe rust en stilte, vrede.

'Zo beter, Hella? Het valt ook niet mee, hè, zoveel nieuwe indrukken. Kom, ik help je even met je overall. Mooie kleuren, of niet?'

Hella glimlachte. Gek dat je zelf je arm niet kon optillen, idioot gewoon.

Henri's gezicht was nu heel dichtbij, ze rook iets van knoflook. Ze vond dat hij mooie tanden had.

51

Pierre Marsman had zich gedeisd gehouden tijdens de middagsessie.
Makkelijk was hem dat niet gevallen, een paar keer had hij de neiging gehad de trainer op zijn hypocriete smoel te slaan.
Hij had gekozen voor de korte cursus 'Je Andere Zelf'. Niet omdat hij daarnaar op zoek was, maar vanwege de tamelijk onschuldige omschrijving. De bedoeling was de groeizame elementen van je persoonlijkheid, die meestal onder een dikke laag stof lagen te verkommeren, uit te graven en in de focus van je mentale kracht te ontwikkelen.
Het was nogal wennen. De aanpak bij deze zogenaamde plustraining was totaal anders dan tijdens het kennismakingsweekend. Het vriendelijke, tolerante, het speelse was er niet meer. Niet dat de lach ontbrak, integendeel. Tegen het einde van de middagsessie werd er juist veel gelachen. Georkestreerd, opgeklopt en met veel inzet van de deelnemers. Toen Marsman een moment verzaakte, kreeg hij een opgetrokken wenkbrauw van zijn buurman.
Eerder werd 'de diepte in gegaan' en ook hij moest eraan geloven. Trainer Eduard had een piepstem, wat zijn gescheld extra onaangenaam maakte. Marsman moest de groep vertellen waarom hij een pathologische arrogante klootzak was die iedereen voortdurend in de steek liet. Vervolgens moest hij zijn 'buddy' aankijken en vertellen dat zijn toegewezen vriend dood mocht gaan als hij niet meer

van zichzelf liet zien. Dat weigerde Marsman, wat hem op een gescandeerd 'Blind! Blind!' kwam te staan, de standaardbehandeling van lieden die niet in staat waren het nut van een procedure in te zien.

Er werden gedurende de middag tranen getrokken, vooral op het podium, wat veel luidruchtige bijval opleverde. Marsman noteerde in zijn denkbeeldige notebook de technieken groepsdruk, intimidatie, moreel appèl, het zoeken naar zwakke plekken, de exploitatie ervan en de georganiseerde euforie, hier en daar gelardeerd met afblaffen, vleien en kleineren.

Het was hem allemaal bekend, maar alleen van papier. Hij onderging het nu zelf en het maakte hem woedend. Hier was iets gaande wat bij ontvankelijke cursisten op zijn best kon leiden tot een misplaatst gevoel van eigendunk en zelfvertrouwen en in het ongunstigste geval tot een ontwrichte persoonlijkheid.

Om vijf uur werd de dag informeel afgesloten met een bijeenkomst in de vriendschapszaal, achter in de grote schuur. Er werden drankjes uit eigen tuin geschonken en stronkjes uit eigen tuin geserveerd.

Marsman had geen enkele behoefte zijn ervaringen nog eens met uitbundig schoudergeklop te delen, maar bleef toch hangen.

Hella.

Haar dag zou er nu zo langzamerhand ook opzitten, ze was tenslotte vroeger begonnen dan hij. Hij vroeg zich af of ze de eerste sessie zonder veel kleerscheuren was doorgekomen. Marsman vermoedde van wel, net als hij had ze een gezonde weerstand tegen machtsmisbruik en vleierij. Sterker nog, ze had verteld dat de Sygma-aanpak nogal op haar lachspieren werkte.

Marsman voelde een lichte onrust opkomen. Hella was dichtbij en hij verlangde naar haar gezelschap. Ervaringen uitwisselen, even samen lachen, zij tweeën tegen de rest. Niets bijzonders, het mocht ook zonder woorden.

Hij keek rond, maar ze was er niet.

Eduard wel. 'Mag ik aanschuiven?'

Marsman wees naar een stoel. De man ging zitten.

'Even bijkomen, of niet? Heel normaal, hoor. Er gebeurt zoveel met je in korte tijd, dat moet je even verwerken.'

Marsman bromde wat.

'Ik denk dat het een groot succes was,' zei de trainer. 'Heb je gemerkt hoe enthousiast er geklapt en gejuicht werd? Ik vond het hartverwarmend, terwijl ik toch wel wat gewend ben. En hoe is het met jou? Mogen we zeggen dat de groei is ingezet? Dat je op ontdekkingsreis bent? We hebben een prachtig vervolgtraject dat heel mooi aansluit op vandaag.'

Voortvarend, dacht Marsman, ze pakken gelijk goed door. 'Ik heb tijd nodig, Eduard. Het is nog zo vers.'

'Snap ik. Blijf rustig een poosje zitten. Pak een glaasje wijn en loop straks even langs de balie. Daar zit iemand die je alle informatie kan geven. Ik laat je nu even alleen met jezelf.' Hij stond op.

Marsman knikte. Hij had al stilzwijgend afscheid genomen, maar bedacht zich. 'Eduard, ken je Berry? Dat is de vriend van Hella Rooyakkers, die hier ook ergens rondloopt.'

'Jazeker, die zit daar.' Hij wees naar een tafeltje in de hoek, waar een wat gezette man met een vriendelijk gezicht en dun wordend haar zat.

'Dank je.'

Pierre Marsman overwoog kennis te gaan maken.

Zijn onrust nam toe, een emotie waar hij geen vat op had.

52

De werkkamer achter in de hut lag vol kussens en werd schaars verlicht door twee wandlampjes. Direct zonlicht kwam hier niet binnen, er was maar één klein raam, dat uitzicht bood op dicht struikgewas.

Henri sprak zacht en keek haar aan met een warme glimlach. 'Het geeft niet, Hella, je mag hier huilen. Huil maar helemaal uit.' Hij sloeg een arm om haar heen. 'Dat is nou typisch Sygma, een huis waar je al je emoties kwijt kunt. We lachen veel, en af en toe huilen we. In de buitenwereld is alles zo gelijkmatig, saai eigenlijk, daar wordt niet echt geleefd. Hier ga je van de kelder naar het dak, en soms moet je weer even terug, dat is noodzakelijk om te ervaren wie je bent en te voelen dat je leeft, begrijp je?'

Hella begreep het een beetje, maar het hielp niet. Als het hier zoveel beter was dan daarbuiten, waarom wilde ze dan zo graag naar huis? Waarom voelde ze zich bedreigd, terwijl dit de sfeer was die ieder mens eigenlijk zocht? Waarom verzette haar hele wezen zich ertegen?

Niet dat er veel verzet mogelijk was, ze voelde zich slap en uitgeperst. En dat waren nog haar beste momenten. Een poosje geleden was ze even helemaal weg geweest, er zaten gaten in haar geheugen. Denken lukte niet goed meer. Argumenten, woorden, tegenargumenten, gedachten, angst, alles mengde zich tot een borrelende soep in haar hoofd.

Ze had gemerkt dat ze haar haar kwijt was, hooguit een paar centimeter was er over. Op zich kon haar dat niet zoveel schelen, ze liep zelfs al een poosje rond met het plan zich te laten kortwieken, maar dat een ander daarover besliste, dat pikte ze niet. Ook na het vage verhaal van Henri dat nieuw haar mooier was dan oud haar, en dat het haar goed stond. Hella was woedend, maar iets belette haar dat te uiten. Het was of ze van stroop was, rare stroop ook nog, want haar gezicht ging met haar op de loop. Ze voelde dat ze glimlachte, terwijl ze haar best deed kwaad te kijken.

'We nemen tien minuten rust, even helemaal niks hoeven, niet nadenken, achteroverliggen en ontspannen. Toe maar, op je rug, probeer nergens aan te denken en je armen en benen los te laten, je hele lichaam los te laten. Het is veilig, laat maar los, ook je gedachten, laat alles los.'

Alles zat al los bij Hella. Ze deed juist verwoede pogingen het zaakje weer vast te krijgen, op zijn plaats en in de oude staat. Het ging niet.

'Heel goed, Hella, ik zie het aan je oogleden, ze zijn zwaar, heel zwaar, rust maar even, helemaal ontspannen. Geniet ervan, je hebt het verdiend.'

Een beetje rusten dan maar, en zoeken of ze nog ergens wat energie kon vinden in dat uitgewoonde lijf. Kijken of ze de ingrediënten uit de soep kon vissen om ze weer op hun vertrouwde plek op te bergen.

De pauze duurde hooguit twee minuten. Net toen ze zich iets beter begon te voelen, sprong Henri op.

'Afgelopen met dat luie gedrag! Opstaan!' Zijn stem klonk rauw, agressief. 'En veeg je gezicht af, janken doe je maar in je vrije tijd. Mijn god, je lijkt wel een zigeunerschilderij met die tranen. Schiet op! Tempo!'

Hella schrok zich rot. Wat deed ze nu weer fout? 'Ik begrijp er geen moer van. Net zei je nog...'

'Snap je het nou nog niet? Moet ik het echt in je snotkop rammen? Je bent hier om te werken! Jezus, je zou jezelf eens moeten zien! Indolent varken! Je bent een schande voor Sygma. Voor Berry.'

Laat Berry erbuiten!
'Voor Berry, ja! Je laat hem vallen als je zo doorgaat! Je beseft toch dat hij niet te handhaven is als hij verbonden is aan een negatief element?'

Dit is vals, zo vals. 'Berry heeft hier niks mee te maken,' fluisterde ze.

'O nee? Maar jij hebt alles met hem te maken! Jij bepaalt zijn lot!'

Ze had geen verweer, haar woorden waren op.

'Goed, we laten Berry even rusten, mits je meewerkt. Afgesproken?'

Ze merkte dat ze knikte.

'Dat is dan geregeld. Maar ik verwacht vanaf nu maximale inzet.' Henri sprak nu zachter. 'We beginnen met energetische oefeningen, om het lichaam te bevrijden van irrationeel verzet. Je lichaam moet leeg zijn, ontvankelijk. Net als je geest. Die kan niet ontvangen als het lichaam de boel op slot houdt. Ga staan.'

Hella ging staan. Ze was al zo goed als leeg.

'Nu eerst de tredmolen. We hebben hier een prachtexemplaar. Eens zien of je het een kwartier volhoudt.'

Na tien minuten was ze gebroken, en haar verzet bijna ook. Slapen wilde ze, op z'n minst gaan liggen, maar Henri dacht daar anders over.

'Ik heb een nuttig traject voor je uitgezet. Eerst vijf minuten sit-ups, dat kun je best. Dan lees ik je een aantal mooie stellingen voor uit het Sygmagedachtegoed. Als je ze kunt herhalen, krijg je vijf minuten pauze, anders gaan we door met een alleraardigste oefening, kikkeren. Vijf minuten sprongetjes maken op je hurken. Ik lees je dan weer de stellingen voor. Pauze als je ze kunt herhalen en zo gaan we nog een poosje door, tot het je drie keer gelukt is. Een machtige uitdaging. En begin nou niet weer te janken, zo duurt het alleen maar langer. Je hebt het zelf in de hand, Hella. Als je je best doet, zit dit onderdeel er binnen een uur op.'

Het duurde anderhalf uur. Hella was kapot, nat van het zweet en buiten adem.

'Heel goed,' zei hij zacht. 'Je kunt nu je rust verdienen, Hella. Ga lekker zitten op dat kussen en zeg de stellingen nog eens op. Daarna wil ik dat je me vertelt wat je er zelf mee wilt, wat Sygma voor je kan betekenen en wat Sygma aan jou kan hebben. Denk goed na, het is van vitaal belang wat je zegt. Als dat goed gaat, kunnen we het energetische onderdeel afsluiten. Maar kom je er niet uit, dan moeten we helaas een stapje terug en beginnen we van voren af aan. Zo zie je, hier mag je altijd kiezen. Ook al zeg je nee, dan is dat je eigen beslissing. Dat noemen we de Sygmavrijheid. Kom, daar gaan we.'

Hella schudde haar hoofd, maar was niet in staat zich opnieuw te verzetten. Ze prevelde de beginselen van Sygma en vertelde heel kort iets over het nut en de functie van de organisatie. Ze kon het nauwelijks over haar lippen krijgen, maar het verlangen naar rust was sterker dan haar weerzin tegen de frasen die Henri wenste te horen.

'Dat was niks,' zei de trainer. 'We gaan weer naar de tredmolen. Of... nou vooruit... ik geef je nog een kans.'

Hella gooide er wat zinnen uit, zinnen die niet van haar waren. De woorden hadden hun betekenis verloren, een rijtje klanken, meer was het niet. Het kwam eruit als een niet te stoppen brij, als kots.

'Matig, heel matig,' zei Henri. 'Voor dit moment zal ik het accepteren, maar je bent er nog lang niet. Hier, drink op.'

Ze twijfelde. Haar tong voelde als een lap leer. Ze pakte de beker aan en keek naar de inhoud. 'En wanneer gaan we eten? Ik val flauw van de honger.'

'Had ik dat nog niet verteld? Vandaag wordt er niet gegeten, alleen gedronken. Eten is uit den boze zolang er verzet is. Je lichaam neemt het dan over van de geest en dan ben je nog verder van huis. Als je niet leeg en schoon bent, kun je niet opnieuw beginnen, ik neem aan dat ik dat niet hoef uit te leggen.'

'Ik wil niet opnieuw beginnen,' kon Hella net uitbrengen.

'Nee, maar dat doen we wél, en we hebben gelukkig alle tijd. Kom, drink op, het kan wel even duren voor je weer wat krijgt.'

53

'Blijf gerust zolang je je thuis voelt,' had een van de trainers gezegd.

Pierre Marsman voelde zich hier de hele dag al niet thuis, maar toch bleef hij zitten. Het kon niet anders dan dat Hella het middagtraject inmiddels achter de rug had. En ze zou toch ook een keer moeten eten? Hij keek op zijn horloge. Tien over zeven.

Een kwartier geleden was hij de eetzaal in het andere deel van het gebouw binnengelopen en had er rondgekeken. Er zaten her en der luidruchtige cursisten in uniforme overalls aan de lange tafels. Allen hadden een bord voor zich met allerhande groenvoer – ongetwijfeld uit eigen tuin.

Geen Hella.

Marsman voelde de onrust in zijn hoofd groeien. Het stoorde hem, hij wist dat er rationeel gezien geen enkele aanleiding voor was. In negenennegentig van de honderd gevallen was er een zinnige, geruststellende verklaring voor op het eerste gezicht verontrustende gebeurtenissen. Misschien was er nog een andere eetruimte, wie weet was ze al klaar en naar huis.

En toch.

Hij was ervan doordrongen dat zijn onrust mede werd ingegeven door de gebeurtenissen van de laatste tijd. Het verhaal van Tom van Manen en zijn dood bleven hinderlijk peuteren aan zijn in jaren opgebouwde zelfbeheersing en scepsis.

Berry zat nog steeds in een hoek van het zaaltje. Hij had een stapel papieren voor zich. Van tijd tot tijd pakte hij er een en maakte er met potlood aantekeningen op. Hij was koortsachtig aan het werk.

Marsman stond op en liep met trage passen naar Hella's vriend.

'Goedenavond, mag ik even storen?'

De man met het dunne haar keek op. 'Natuurlijk.'

'Ik heb begrepen dat u Berry bent, de partner van Hella Rooyakkers.'

'Dat klopt.'

'Mijn naam is Steven... of eigenlijk Pierre Marsman. Ik heb Hella ontmoet tijdens het kennismakingsweekend van Sygma, kortgeleden.'

Berry stond op en stak zijn hand uit. 'Wat leuk om je te leren kennen, Pierre, Hella heeft het over je gehad. Ik wist ook dat je vandaag een training zou doen, maar ik had je niet herkend. Hella had je wel puntig omschreven als zo'n donkere man met van die ogen, maar die lopen hier wel meer rond. Ga zitten.'

'Dank je.'

'Heb je zin in een drankje? Ze schenken hier van alles.'

'Uit eigen moestuin, begreep ik.'

'Inderdaad. Het is soms even eh... doorbijten, maar de gedachte erachter heeft wel iets. Sygma probeert de onnatuur, zoals ze dat noemen, zoveel mogelijk uit de weg te gaan en de essentie, de natuur op te zoeken. Ook – en vooral – in mensen.'

Marsman was niet overtuigd. Hij knikte wel. 'Mag ik vragen welke training jij vandaag hebt gedaan?'

Berry glimlachte. 'Geen enkele! Tenminste, niet als cursist. Vandaag was mijn eerste dag als assistent-trainer, als stagiair, zeg maar. Pittig, trouwens. Je moet alles in de gaten houden en overal een antwoord op hebben. Lukt me nog lang niet.'

'Misschien moet je dat maar zo houden, Berry. Mensen die overal een antwoord op hebben, overschatten zichzelf.'

Van Zanten knikte. 'Waarschijnlijk heb je gelijk.'

'Even iets anders. Heb jij Hella al gezien? Ze zou zo langzamerhand toch klaar moeten zijn met de dagtraining. Wanneer heeft ze pauze?'

'Ik heb geen idee, Pierre.'

'Het is allang etenstijd, maar ze zit niet in de eetzaal.'

Berry trok zijn schouders op. 'Dat zegt niks. Soms maakt de maaltijd deel uit van de training en eten ze ergens anders.'

'Heb jij nog iets met haar afgesproken? Sorry voor de wat persoonlijke vraag, maar ik zou haar graag nog even gedag zeggen voor ik op huis aan ga.'

'Begrijp ik. Maar om antwoord te geven op je vraag: nee, we hebben expres niets afgesproken. Hella volgt dit weekend een individuele training die nogal nieuw is. Ook voor de trainer. Dat betekent dat er geen precieze tijdsindeling is. En het exacte programma ken ik ook niet.'

Marsman stond op en keek peinzend naar Eduard, die aan de andere kant van de zaal op iemand in stond te praten. Er kwamen flarden door van zijn hoge stem.

'Maak jij je geen zorgen over hoe het met haar is? Ik bedoel, dit is wel een lange dag voor haar.'

'Welnee!' Berry straalde. 'Het is eerder een goed teken dat ze nog bezig is. Hella is niet bepaald een ideale cursist, misschien weet je dat. Maar ze is niet weggelopen en ze hebben haar ook niet naar huis gestuurd. Dat betekent dat er goed gewerkt wordt. Ik ben blij voor haar dat ze het kennelijk oppakt.'

Marsman ging weer zitten. Het klonk plausibel. Optimistisch, ook. Positief.

Niettemin nam zijn ongerustheid toe.

Voor zijn twijfel was misschien geen rationele grond, dat wilde hij wel toegeven. Maar hoe rationeel was de verklaring van Berry? Was die niet evenzeer op drijfzandargumenten gebaseerd?

'Dus maak je geen zorgen, Pierre. We moeten haar maar even de tijd gunnen. En waar ben jij vandaag eigenlijk mee bezig geweest?'

Marsman nam de tijd om terug te keren naar het gesprek. 'Je Andere Zelf.'

'Ah! Mooie training. Lekker kort, maar af en toe wel heftig. Ik viel toch door de mand, in het begin! Ongelooflijk, die oogkleppen soms. Ben jij er wat mee opgeschoten?'

'Ik weet het nog niet. Misschien moet het zijn tijd hebben.'

Berry knikte. 'Zo gaat het bij mij ook vaak. Is heel normaal.

Denk je over een vervolg? Je Andere Partner sluit er goed op aan.'

'Voorlopig even niet, Berry.' Marsman keek hem glimlachend aan. 'Ik wil niet overtraind raken.'

'Begrijp ik. Vooral niet forceren. Als je je bedenkt of eraan toe bent: hier is mijn kaartje. Ik zit in de introductiewerkgroep.'

'Dank je, ik zal erover nadenken.' Marsman stond op. 'Ik zal je niet langer van je werk houden, ik vond het erg prettig om kennis met je te maken.'

'Insgelijks, Pierre. Leuk dat we elkaar via Hella hebben leren kennen.'

'Ze is een bijzondere vrouw. Je mag trots zijn.'

'Ben ik ook. Hella is een schat.'

54

'Laat gaan! Zeg het! Dan ben je klaar! Zeg het! Zeg het!'
Hella zag de muur en de kussens wegdraaien en ze wist dat ze viel. Het was niet tegen te houden en ze wilde het ook niet tegenhouden. Niets wilde ze nog tegenhouden, als ze maar kon gaan liggen en wegzakken in een donker gat. In de verte was er de vloer, die opeens van stand veranderde. Toen hij traag van opzij naderbij kwam, sloot ze haar ogen. Ze had het gat gevonden.

Er was iets.
Geluid.
Een soort storm. Het raasde. Hella had geen idee of de storm buiten of in haar hoofd tekeerging. Het interesseerde haar niet. Niets interesseerde haar. Het kwam niet eens bij haar op om haar ogen open te doen.
Ze vermoedde dat ze lag. Veel meer bewustzijn was er niet.
De gierende storm was geen storm.
Een schreeuwende stem, ze wist het nu zeker. Iemand was aan het schreeuwen. Langzaam lukte het haar van de onsamenhangende klanken woorden te maken. Woorden werden zinnen. Ze herkende de stem nu ook.
'Had ik gezegd dat je kon gaan liggen, Hella? Ik dacht het niet! Je verzet je nog steeds. Je vlucht, omdat je de waarheid niet aan kunt, Hella. Dat noemen ze hysterie.' Henri hield zijn mond nu vlak bij

haar oor, waardoor zijn woorden als ontploffingen binnenkwamen. 'Je vecht! Je vecht! Maar niet tegen mij of Sygma, je vecht tegen jezelf! Het is duidelijk dat je smeekt om binnengelaten te worden, maar dat een lelijk stukje in je hoofd nog altijd koppig is. Die tumor moet eruit, begrijp je! Geef het over! Laat het gaan!'

Hella hoorde hem, maar begreep niet waar hij het over had. Ze hield haar ogen dicht en probeerde terug te zeilen naar de grijze gewichtloosheid van daarnet.

Ze kreeg de kans niet.

De storm ging liggen, werd een briesje. Een vriendelijk briesje.

'Je bent moe, Hella.' Henri's stem was volkomen veranderd, hij fluisterde.

Gek genoeg kon ze hem nu wel volgen.

'Natuurlijk ben je moe, we hebben hard gewerkt. Ik denk dat we op de goede weg zijn, lieve Hella. Kijk me eens aan? Goed zo.'

Zijn gezicht was vlakbij. Een warme glimlach, intiem, teder. Mooie tanden.

'Voel je wat verzet met je doet? Pijn, verlies, eenzaamheid, wanhoop, herken je dat? En je bent helemaal niet eenzaam, Hella. Zie je mijn hand? Ik steek hem uit. Ik reik hem aan. Ik nodig je uit, Hella, het is zo makkelijk.'

Ze had haar ogen opnieuw gesloten en onderging de zachte stem van Henri. Het was rustgevend, alsof de monotone zinnen haar in een roes brachten. Ga maar door, Henri. Ga door.

'Ik heb het gezien, Hella. Je hebt zoveel kracht, zoveel te brengen, te geven. Je koestert zoveel waardevols, diep binnenin. Ik heb er een glimp van gezien, lieve Hella. Er ligt een schat die erom vraagt te worden opgegraven.'

Ga door. Laat me liggen en ga door, alsjeblieft.

'Je hoeft het niet alleen te doen, ik ben er voor je. Samen graven we de schat op, Hella. Je verdient het. En jij niet alleen, ook de mensen om je heen verdienen de vrouw die je kunt zijn, lieve Hella, de vrouw die je eigenlijk al bent, maar die je verstopt hebt.'

Ga door met je zachte lieve stem.

'Denk aan Berry. Een zachtaardige, kwetsbare man. Ik weet dat je van hem houdt, Hella. Je verdient hem, en je mag van hem genieten. Hij heeft zich enorm ontwikkeld, neem dat van mij aan. Hij verdient jou ook. Hij verdient de echte Hella, niet de oppervlakkige schors, de Hella die bang is voor de kern, voor zichzelf. Hij groeit en jij hebt zijn geluk in handen. Dat is een zware verantwoordelijkheid, Hella, maar je kunt het aan. Ik heb je gezien. Ik heb de echte Hella gezien.'

Liever niet over Berry. Slapen, liggen, roes. Ga door.

'Je was boos op me, Hella, weet je nog? Die emotie was echt, authentiek. Authentieke emoties worden hier op de hoeve gestimuleerd, Hella, want daar gaat het in essentie om in ons leven. Om de oprechte, natuurlijke gevoelens te ontdekken in onszelf en daarmee richting te geven. Het kompas, het roer. Je hebt de boosheid gevoeld, maar het is even belangrijk om je positieve emoties recht te doen. Om de wezenlijke blijdschap, de liefde en ook de waardering voor jezelf te verkennen. Daar gaat het om, Hella. En daar werken we aan. Begrijp je het een beetje?'

Onwillekeurig bewoog ze haar hoofd.

'En daarom moeten we nu doorzetten. Kom, even wat drinken om bij te komen. Ben je wel aan toe, denk ik.'

Ze had nauwelijks in de gaten wat er gebeurde, alleen dat Henri haar ondersteunde en ophield met praten.

'Zo, heel goed. En nu meekomen, je ziet er niet uit. Zo kunnen we niet werken.'

Hella werd overeind getrokken en naar een deur geleid, een arm om haar middel. Ze tolde op haar benen en stak een hand uit.

'Over tien minuten kun je er weer tegen, dat beloof ik je.' Harde, hese stem. 'Dan werken we in rustig tempo nog een circuitje af, net zo lang tot ik tevreden over je ben. Je weet wat ik wil horen.'

'Ik... ik wil niet meer. Ik doe het niet meer,' mompelde Hella.

Henri keek haar opgewekt aan. 'Jawel, hoor. Jij wilt dat het klaar is, dat je naar huis kunt. Maar dan moet je nog wel even je best doen. Kleed je uit!'

'Wat?'

'Schrik maar niet. Ik haal je over tien minuten op. Je knapt nergens zo van op als van een verfrissende douche. Geniet ervan. Let maar op, je wordt er weer helemaal helder van. Het water is lekker koud. IJskoud.'

55

Klaus keek naar de monitor en was verbijsterd.

De persoon die hij zag was hooguit een schim van de opgewekte, energieke jonge vrouw die zich vanmorgen op de hoeve had gemeld. Ze leek twintig jaar ouder, stond te zwaaien op haar benen, was kaalgeknipt en had kennelijk moeite haar ogen open te houden. En hij had gezien waardoor dat kwam.

Henri had methoden gebruikt die volstrekt ontoelaatbaar waren. Een paar ervan stonden beschreven in een bijlage van het handboek. Die mochten alleen gehanteerd worden in nauwkeurig omschreven exceptionele omstandigheden. Daar was hier absoluut geen sprake van. Maar buiten dat bediende Henri zich van een aantal technieken die door de organisatie al lang geleden waren afgezworen. Uitputting, hongeren en, wist hij bijna zeker, drogering. Hij herkende de beelden. Ooit werden de methoden toegepast in het hoofdkantoor in Austin, tot de aanpak na klachten in de publiciteit kwam. Sygma was genoodzaakt geweest een paar jaar ondergronds te gaan en had de handleidingen herschreven. Forse druk was toegestaan, maar van 'mishandeling' moest vanaf dat moment worden afgezien.

Henri had de oude boeken er kennelijk weer bijgepakt.

Hij overtrad de richtlijn van Austin en manifesteerde zich daarmee als verrader van de organisatie.

Klaus begreep dat hij zijn verantwoordelijkheid moest nemen.

Hij had geen keus, het handboek was duidelijk.
 Streng en rechtvaardig.
 Henri verdiende de hoogste sanctie.

56

Tegen achten wandelde Pierre Marsman naar de receptie van het landgoed, een kleine, kaal ingerichte ruimte aan de smalle kant van het hoofdgebouw. Achter de lage balie zat een vrouw in dagelijkse kleding, Marianne, wist Marsman. Achter in de veertig en na een paar trainingen de organisatie binnengerold. Marianne had een stem die het midden hield tussen alt en bas en ze kuchte om de haverklap. Rode krullen tot op haar forse schouders, en zware borsten.

'Dag Marianne. Alles goed?'

Ze keek op en nam haar leesbril af. 'Het meeste wel, meneer eh…'

'Barend. Steven Barend.'

'O ja, nou weet ik het weer. Van Je Andere Zelf, toch?' gromde ze.

'Precies.'

'Wat kan ik voor je doen, Steven? Mag ik Steven zeggen?'

'Natuurlijk. Ja, je kunt iets voor me doen, Marianne. Mag ik Marianne zeggen?'

Ze lachte en kuchte.

'Het gaat om een kleinigheid, Marianne. Voor mij zit het erop voor vandaag, maar voor ik naar huis ga, zou ik graag Hella Rooyakkers nog even gedag zeggen. Ze volgt hier dit weekend een training, ik weet niet precies welke, maar ik heb haar vanavond nog niet gezien. Dat verbaast me een beetje.' Hij keek demonstratief op zijn horloge. 'Het is acht uur en je zou verwachten dat ze klaar is voor vandaag.'

De receptioniste keek hem vriendelijk kuchend aan. 'Wat is precies de vraag?'

'Hoe laat mag ik haar in de ontspanningsruimte, of hoe heet het, verwachten?'

'Hella Rooy…'

'Rooyakkers.'

'Even kijken.' Marianne ging achter de computer in de hoek zitten en toetste iets in. 'Goh, wat vreemd.'

'Sorry?'

Ze haalde haar stevige schouders op. 'Meestal staan er begin- en eindtijden bij. Hier alleen de begintijd. Het is ook geen gewone training, want er is maar één deelnemer. Dat komt niet vaak voor. En de naam van de training zegt me ook niets, eerlijk gezegd.'

'Welke naam?'

'Hier staat Personal Growth. Zeker een nieuwe cursus, mij vertellen ze ook niet alles.'

'Ik zou haar nog even willen spreken, Marianne. Denk je dat dat lukt?'

Ze trok haar wenkbrauwen op. Het viel Marsman op dat haar oren daardoor iets naar achteren bewogen.

'Ik heb geen idee, ik ken het draaiboek niet. Sorry.'

'Komt dat vaker voor? Ik bedoel, dat onbekend is wanneer de cursist klaar is?'

'Nou, nee. Misschien in uitzonderlijke gevallen. Ik zit hier nog niet zo lang, weet je.'

Marsman boog over de balie en keek haar aan. 'Zou je even willen informeren hoe het met haar gaat? En wanneer ik haar kan zien?'

Ze kuchte met haar hand voor haar mond. 'Ik weet niet…'

'Eén kort telefoontje?' vroeg Marsman op zijn charmantst.

Ze knikte. 'Ik zal het proberen.'

Marianne pakte de bureautelefoon en toetste een nummer in. Het duurde even voor er iemand opnam.

Marsman keek naar haar bewegende mond en probeerde het gesprek te volgen. Dat lukt maar gedeeltelijk. Toen ze de hoorn neerlegde, lachte Marianne wat verlegen. 'Ik ben niet veel wijzer geworden.'

'Hoe is het met Hella?'

'Goed, zeggen ze. Ze werkt hard.'

'Werkt? Zeiden ze dat?'

'Ja.'

'Is ze dan nog steeds bezig?'

De receptioniste stak haar handen even omhoog om aan te geven dat ze het ook niet kon helpen. 'Blijkbaar.'

'En wanneer komt ze weer vrij, om het zo maar eens te zeggen?'

'Dat willen ze niet zeggen. Het hangt ervan af.'

Het beviel Marsman niet. Als je een training geeft, weet je wanneer die voltooid is. Hadden de heren iets te verbergen?

Hij dacht aan Hella. Vrolijke jonge vrouw met een gezonde scepsis en terechte weerstand tegen zweefneven. Wat gebeurde er allemaal? Wat waren ze met haar aan het doen?

Marsman nam een besluit.

'Marianne, staat er ook bij waar de training plaatsvindt? Ergens in het gebouw aan de overkant? Of hier? Boven misschien?'

'Even kijken.' Even duurde maar heel even. 'In het chalet, staat hier.'

'Pardon?'

'Het chalet. Sommigen noemen het het Zweethuis. Vanwege de tredmolen die er staat, denk ik. Een ingewikkeld apparaat waar je heel snel heel moe van wordt.'

Zijn onrust groeide. 'En wat is dat chalet precies? Vinden daar vaker trainingen plaats?'

Marianne haalde haar schouders op. 'Eigenlijk bijna nooit. Het is nogal klein, daar kun je geen groepen in kwijt. Het chalet is een soort zomerhuis, een blokhut. Het is meer voor de staf zelf bedoeld, die trekt zich er soms terug voor overleg. Maar misschien zitten ze er wel te borrelen of te barbecueën, ik weet het niet. Ik kom er nooit.'

'Ik heb dat zomerhuis nog niet gezien.'

Ze lachte. 'Nee, natuurlijk niet. Cursisten mogen daar helemaal niet komen. Nou ja, gewone cursisten dan.'

'Waarom niet?'

'Ja, luister, Steven, dat weet ik ook allemaal niet, hoor. Ik ben maar tante Marianne van de receptie. Het zal wel met discretie te maken hebben. Zoals de cursisten ook moeten tekenen voor discretie over de inhoud van de trainingen. Het is niet de bedoeling dat je die aan buitenstaanders verklapt. Begrijp je?'

Marsman knikte. 'Ik ben je heel erkentelijk, Marianne.'

'Sorry dat ik niet heb kunnen helpen.'

'Dat heb je wel gedaan.' Hij stak zijn hand uit. 'Tot kijk.'

'Tot ziens.'

Marsman liep naar de deur, bleef daar een moment staan en draaide zich om. 'Nog één vraagje, Marianne.'

'Ga je gang.'

'Om me een beeld te kunnen vormen van waar Hella ergens verblijft: waar staat dat chalet eigenlijk? Achter de grote schuur?'

'Welnee! Het Zweethuis ligt heel geïsoleerd in het bos. Best een eind weg, aan de rand van het landgoed.'

'Klinkt idyllisch.'

'Is het ook.'

'Het ligt zeker langs het weggetje dat naar de moestuin loopt.'

'Nee, dat loopt dood. Het is het pad rechtsaf achter het hoofdgebouw. Ik weet eigenlijk niet of ik dat mag vertellen.'

'Maak je geen zorgen, ik zal mijn mond houden. Dag Marianne.'

Klaus had de cursus Beheersing en Controle gevolgd, maar dat was al een poos geleden. Hoe dan ook, het effect ervan was op dit moment nihil. Hij was woedend.

Hoe was het in godsnaam mogelijk dat Henri het in zijn hoofd haalde om op eigen houtje het handboek te herschrijven! Was hij helemaal belazerd! Amateur! Als er iets vanaf het begin was ingehamerd, was het wel dat de richtlijn van Austin onaantastbaar, heilig was. Het bestond niet dat je in het handboek ging zitten krassen.

Henri had zich onbespied gewaand, overtrad de meest elementaire regels en werd betrapt. Het bewijsmateriaal was vastgelegd en reproduceerbaar. De zaak was volkomen duidelijk en het vonnis onontkoombaar.

Klaus overwoog naar het chalet te gaan en Henri te dwingen met de training te stoppen. Tenslotte was hij Hoofd Beveiliging en Protocol. Hoe langer Henri de kans kreeg door te gaan met zijn wandaden, hoe groter het verraad aan Sygma zou worden. Maar de regels schreven voor dat hij eerst rapporteerde aan Kahn en het leek hem verstandig zich aan het draaiboek te houden. Zeker in dit geval.

Terwijl hij de trappen van de controlekamer op liep naar de vertrekken van Kahn, oefende hij de formulering die hij zou gebruiken. Zijn boodschap moest adequaat, zorgvuldig en zonder onnodige emotie zijn. Rustig en helder, geen rancune of woede. Dat viel nog niet mee. Halverwege bleef Klaus staan, deed zijn ogen dicht en repeteerde de tekst een paar keer. Toen hij tevreden was, liep hij door en klopte aan.

Geen reactie.

Klaus klopte opnieuw.

Stilte.

Rechts van hem ging een deur open. 'Als je Kahn zoekt, die houdt momenteel een praatje op de Kennismaking.'

'Verdomme.' Hij weigerde het jonge onbenul aan te kijken. Vanaf het begin was hij tegen de aanstelling van het meisje geweest. Een luchtballon die volgens hem viel op de gespeelde charme van Henri. Of Kahn. Of allebei. Hij vermoedde dat de interesse wederzijds was. Klaus had het personeelsbeleid nogal ordinair en Sygma-onwaardig gevonden.

'Zeg dat hij me belt als hij terug is.'

'Zal ik doen, Klaus.'

Verdomme.

Verdomme!

57

Het schemerde inmiddels.

Marsman besloot om het hoofdgebouw heen te lopen, de route over het plein leek hem niet verstandig. Overal ramen die erop uitkeken, cursisten, trainers, leden van de staf die hij tegen kon komen.

Er was geen pad, alleen hoog gras dat al bedauwde. Zijn leren schoenen konden ertegen, maar de onderkant van zijn broekspijpen was al snel doorweekt. Een minuut later bereikte hij het weggetje dat naar rechts leidde. Het leek aantrekkelijk dat te volgen, maar verstandig was het niet. Zijn aanwezigheid in deze contreien was ongeoorloofd, had hij begrepen, en naar discussies met eventuele suppoosten over voorgevoelens en bezorgdheden keek hij niet uit. Het betekende dat hij het pad moest mijden en zich parallel ervan door het geboomte en ander groen moest werken. Dat viel nog niet mee. In de schemering zag hij dat langs het pad een barrière was opgetrokken van metersbrede braamstruiken. Pas daarachter zou hij zich voor passanten onzichtbaar kunnen maken.

Er zat niets anders op. Marsman keek om zich heen en zag dat hij alleen was. Toen zocht hij naar een mogelijke doorgang, een plek waar de struiken zich enigszins gedeisd hielden. Die leek er te zijn, vijftien meter verderop. Hij luisterde even, rende naar de lage struik en kwam bedrogen uit. Er was geen doorgang, hij moest erdoorheen. Behoedzaam trok hij zijn been op en trapte een aantal takken naar de grond. Bij stap twee schoot een tak van achteren omhoog en raakte zijn rug. Onwillekeurig zocht zijn linkerhand houvast en hij voelde een paar doornen die zijn handpalm binnendrongen. Hij schonk er gaan aandacht aan. Na drie stappen was hij door de haag heen, maar verder lopen was onmogelijk. Hij was of hij werd vastgehouden door de tentakels van een octopus. Drie takken hadden zich volhardend aan zijn broek gehecht en het kostte hem ruim een minuut om zich te bevrijden. Zijn broek en jasje waren onherstelbaar toegetakeld.

Eenmaal los vorderde Marsman snel. Het terrein was nu veel beter begaanbaar. Een dicht dennenbos met laaghangende takken, maar zonder doornen. Wel moest hij zich een weg banen door spinnenwebben, die hier in massaproductie waren aangelegd. Zo ploegde Marsman voort, terwijl hij het pad links van hem probeerde te volgen. Er was niemand te zien.

Tien minuten later – hij schatte dat hij een paar honderd meter had afgelegd – stuitte hij op een aarden wal van een paar meter hoog, begroeid met lang gras en distels. Marsman had geen idee hoe ver de wal doorliep en besloot eroverheen te klimmen, wat vanwege de toenemende duisternis een beroerde onderneming bleek. Drie keer gleed hij uit en kon hij opnieuw beginnen.

Toen hij eindelijk boven was, stapte hij in een kuil, viel voorover en rolde naar beneden. Hij kwam terecht in een braamstruik, wat hij niet zag, maar voelde. Het was alsof iemand met een scherpe nagel zijn wang had opengehaald. Wat hij wel kon zien was een blokhut, op nog geen tien meter van zijn struik. Het ene raam bood een uitstekend zicht op het verlichte interieur.

Zo dicht mogelijk tegen de grond en met een kleine omweg sloop Marsman naar het raam. Hij wilde buiten het schijnsel blijven. Pal onder het raam rustte hij even uit en luisterde of hij iets anders hoorde dan de wind. Alleen een verwaaid geluid van een trein, ver weg. Na een halve minuut ging hij voorzichtig staan, half gebukt, zodat hij net over de vensterbank kon kijken. Wat hij zag, schokte en verkilde hem tot in de kleinste vaten van zijn hersens.

58

Klaus was naar de wachtruimte van de afdeling Beveiliging en Protocol gelopen. Er waren drie mannen aanwezig, allen met een plastic beker koffie voor zich op tafel.

Aan het hoofd zat Andries Jager, een kalende magere man van begin vijftig. Klaus kende hem al twintig jaar, uit zijn diensttijd bij de mariniers. Jager was als onderofficier zijn directe commandant geweest. Een paar jaar geleden was Klaus hem tegengekomen op een reünie en zijn droevige verhaal had hem getroffen. Jager was afgekeurd vanwege een posttraumatisch stresssyndroom na een missie in Uruzgan, dat was geculmineerd in een klein gezinsdrama. Hij had zich niets van het voorval herinnerd, maar uiteindelijk was Jagers vrouw opgenomen met een schedelbreuk en een paar gebroken ribben. Fysiek was ze hersteld, maar psychisch niet. Een paar maanden later was ze voor de trein gesprongen. Jager was als een gebroken man achtergebleven en Klaus had niet anders gekund dan hem de hand te reiken door hem een functie als beveiliger aan te bieden, uiteraard onder voorwaarde van een gedegen Sygmatraining. Andries Jager was opgebloeid en nu een uiterst loyale medewerker.

Aan de linkerkant van de tafel zat Charly Voronin, rechts Werner. Voronin had hij persoonlijk binnengehaald, maar Werner was op zijn beurt door Voronin gerekruteerd. Klaus kon niet goed aan hem wennen. Conform zijn training zocht hij de oorzaak bij zichzelf. Hij vermoedde dat domheid hem irriteerde.

'Jij bent,' zei Werner en keek op. 'Dag chef, nog nieuws?'

Klaus keek de mannen een voor een aan. 'Maak je klaar voor actie. Aanhouding en detentie.'

Jager legde zijn kaarten neer en stond op. 'Klinkt als een serieuze zaak, Klaus.'

'Dat is het ook. Hou je gereed.'

'Verraad?'

'Zo zou je het kunnen zeggen. Ik moet nog overleggen met Kahn, maar bereid je voor op de uitvoering van een zwaar vonnis.'

59

Midden in de kamer stond ze. Het moest Hella zijn, hoe anders ze er ook uitzag. Haar ogen waren het ergst. Halfgesloten, wezenloos, ze leek niets te zien. Donkere wallen eronder. Hella's gezicht zag bleek en ze was nagenoeg kaal. Ze stond een beetje scheef en bewoog langzaam heen en weer. In haar slobberige overall oogde ze veel magerder dan een paar dagen geleden.

Er viel Marsman nog iets op: haar rusteloze handen. Ze maakten trage bewegingen, draaiden naar binnen, dan weer naar buiten, de vingers gespreid, even later met de vingertoppen tegen elkaar. Het leken rituele gebaren, alsof Hella in een andere dimensie voorwerpen of misschien wel gedachten vastgreep en weer losliet. Een bizarre dans.

Dit was Hella niet. Dit was oorlog, dit was het kamp. Iets of iemand had haar geroofd, beroofd van haar identiteit, van alles wat ze was geweest.

Pierre Marsman had geen antwoord op wat hij zag. Zijn verbijstering was overgegaan in chaos en ontreddering in zijn hoofd. Het tolde en raasde in zijn hersens en hij wist niet meer welke emotie hij moest grijpen om de controle terug te vinden. Woede, compassie, shock, verwarring, haat, ze vochten in zijn kop en soms worstelde het één zich naar boven, dan het ander. Marsman hijgde, het ging vanzelf.

Hij keek naar Hella en bleef kijken, als verlamd, alsof hij naar iets virtueels, naar een zinsbegoocheling stond te kijken, in een toestand van halfbewustzijn.

Marsman schudde een paar keer zijn hoofd en balde zijn vuisten om via een fysieke omweg grip op zijn psyche te krijgen. Hij dwong zichzelf dieper adem te halen en langzamer uit te blazen.

Wat was hier in godsnaam aan de hand? Wat deed Hella in dit martelhok? Hoe was het mogelijk dat ze Hella in luttele uren van een sterke jonge vrouw in een wrak hadden getransformeerd?

Marsman merkte dat de chaos in zijn hoofd afnam en dat één emotie gaandeweg alle andere opvrat. De woede nam bezit van zijn keel, zijn borst, buik en binnen een paar seconden van zijn hele lijf. De spieren in zijn armen spanden zich onwillekeurig, zijn mond verkrampte.

Diep inademen. Langzaam uitademen!
Inademen. Uitademen.
Controle!

Gedachteflarden organiseerden zich tot gedachten, ongestuurde hersenactiviteit werd denken. Marsman begon zich af te vragen wat hij moest doen.

Was Hella alleen in deze spookhut? Zou hij het raam inslaan en haar schaken? Moest hij eventuele bewakers en trainers weglokken? Marsman nam een besluit.

Na een laatste blik op Hella – als in een psychose bewoog ze nog steeds heen en weer – liep hij om de hut heen en bereikte even later de voordeur. Die bleek op slot. Marsman begon er woest op te beuken.

'Opendoen!'

Het duurde even voor het slot knarste en de deur openging. De kleine man die hij als Henri had leren kennen, keek hem aan. Aanvankelijk boos, toen verbaasd.

'Sorry, maar wat doe jij hier? Dit is een no-go area voor buitenstaanders.'

Marsman duwde de deur verder open en stapte naar binnen. 'Waar ben jij godverdomme mee bezig! Wat is er met Hella aan de hand? Nou?'

Henri stak zijn handen afwerend in de lucht. 'Rustig, rustig.

Hella zit in een cruciale fase van haar training en ze doet het goed. En nu moet ik je verzoeken weg te gaan.'

'Weggaan? Ik kom haar halen!' Marsman merkte dat zijn keel rauw en droog was. 'Sodemieter op, aan de kant!' Hij beende in de richting van een deur aan de overkant van de kamer.

'Dat kan niet! Je kunt een training niet onderbreken! Dan is alles voor niets geweest.'

Marsman draaide zich om. 'Ben je helemaal van de pot gerukt! Noem je dit een training? Klootzak!'

'Je verlaat nu dit huis of ik bel de beveiliging. Die is binnen een paar minuten hier.' Henri haalde een mobiel uit zijn zak.

Marsman rukte aan de deur. 'Godsamme! Hier is ze, of niet? De sleutel! Nu! Doe die deur open!'

'Ik denk er niet over,' zei Henri. Hij toetste een nummer in.

Dat had hij niet moeten doen.

Een paar meter verderop vroeg Hella zich af of ze sliep. Eigenlijk kon dat niet, want het leek erop dat ze stond. Misschien stond ze half en sliep ze half.

Ze zoemde.

Het ging automatisch. Ze hoorde dat ze zoemde. Vanuit haar keel kwam een zacht, monotoon geluid, dat alleen werd onderbroken als ze ademhaalde. Het stamde van vroeger, realiseerde ze zich. Als haar vader kwaad was en zijn stem verhief, sloot ze haar ogen en zoemde ze. Zoemen is veilig thuis in mezelf.

Vaag hoorde ze andere geluiden, maar ze kon ze niet thuisbrengen. Hoefde ook niet, aan het ene geluid had ze genoeg.

Ze deed haar ogen dicht en zoemde door.

Marsman rukte de mobiel uit Henri's handen, smeet hem op de grond en zette zijn voet erop. 'Er wordt niet gebeld, klootzak. De sleutel!'

'Dit is huisvredebreuk en vernieling,' zei Henri. 'Je maakt het alleen maar erger.'

'Het wordt nog erger!' Marsman pakte Henri bij zijn kraag en trok hem naar zich toe. 'Geef op!'

Wat Henri gaf, was een kopstoot. Een moment was Marsman beduusd en hij liet de trainer los. Daarna haalde hij uit en raakte Henri vol op de zijkant van zijn kin. Hij zag de kaak verschuiven ten opzichte van de rest van het gezicht, voor Henri opzijviel. Hij kwam met zijn hoofd neer op een als krukje bedoelde boomstam en bleef liggen. Er liep wat bloed uit zijn oor.

Koortsachtig doorzocht Marsman Henri's broekzakken, tot hij vond wat hij zocht. In een paar stappen was hij bij de deur, draaide de sleutel om en gooide hem open.

Hella stond in het midden van de kale ruimte. Ze keek niet om. Marsman hoorde haar stem, het was alsof ze zachtjes zong. Hij liep naar haar toe en probeerde zijn armen om haar heen te slaan. Dat lukte niet, ze duwde hem van zich af en zwaaide met haar armen. Ze hield haar ogen gesloten.

'Weg! Ga weg! Ik doe het niet!'

Marsman stond onredderd naar haar te kijken. 'Hella! Ik ben het, Pierre! Het is klaar! Het is voorbij, Hella. Ik kom je halen. We gaan naar huis.'

Ze maakte slaande bewegingen. 'Ik kan het niet... ik kan het niet meer.'

'Lieve Hella, het hoeft niet meer.' Marsman sprak nu zacht. 'Henri is weg. Ik ben het, Pierre. Hoor je me, Hella?'

Ze deed haar ogen open en zocht naar beelden die bij de stem hoorden. Uiteindelijk vond ze die. 'Pierre?'

'Ja! Kom, ik hou je vast.'

Ze liet het nu toe.

Marsman gaf haar de tijd. Hij streelde haar rug en hoofd en hield zijn wang tegen die van haar. Af en toe fluisterde hij in haar oor. Na een paar minuten nam hij wat afstand en keek haar aan. 'Dag Hella. Ben je er weer?'

Een spoor van een glimlach. 'Ik weet het niet... ik geloof het wel. Jij bent Pierre. Veel verder kom ik niet.'

'Ze hebben hier van alles met je gedaan, ik heb geen idee wat allemaal. Het lijkt wel of ze je gedrogeerd hebben.'

Het duurde lang voordat Hella reageerde. Toen knikte ze. 'Een soort... drank. Het was alles wat ik kreeg.'

'Jezus, wat een klootzakken.'

Marsman zag dat ze opnieuw haar ogen dichtdeed en begon te wankelen. Net voordat ze in elkaar zakte, greep hij haar vast en hielp haar te gaan zitten. Op de houten vloer knielde hij naast Hella neer en koesterde haar hoofd tegen zijn schouder.

Toen ze haar hoofd optilde, keek ze hem aan. Helderder, nu. Haar stem klonk ook anders. 'Ik geloof dat het beter gaat.'

'Dat is mooi,' fluisterde Marsman. 'Kun je staan?'

'Ik weet het niet. Ik zal het proberen.'

Het lukte. Lopen ging nauwelijks, strompelen was nog een te groot woord.

'We moeten hier weg, Hella. Zo snel mogelijk. Ik heb geen idee waar die idioten nog meer toe in staat zijn.'

'Ja.' Ze was nauwelijks te verstaan.

Ze schuifelden de kamer uit en bereikten de voordeur. Marsman keek om en zag dat Henri nog steeds in dezelfde ongemakkelijke houding lag, de boomstam als een primitief kussen onder zijn hoofd. Er lag wat bloed op de grond, maar veel stelde het niet voor. Even vroeg hij zich af of hij iets moest doen. Met een paar vingers de halsslagader controleren of zoiets, dat deden ze in politieseries altijd. Hij had geen idee waar die ader zat. Bovendien had hij andere prioriteiten.

Marsman had een arm om Hella's middel geslagen en hielp, tilde, sleepte en sleurde haar naar het talud achter de hut. Het was inmiddels bijna donker, alleen de maan probeerde daar wat aan te doen. Na een paar struikelpartijen belandden ze aan de andere kant. Marsman was uitgeput. Hella kennelijk ook, ze liet zich willoos naar de grond zakken. Daar bleven ze zwijgend, half achterovergeleund, zitten.

'Hella?'

'Hm.'

'Hoe is het met je?'

'Ik wil in bad.'

Hij glimlachte. 'Met badolie? Bloemblaadjes?'

'Ezelinnenmelk. Badzout. Badwater. Witte wijn.'

'Vanavond mag je in bad. Ga ik voor zorgen.' Hij streelde haar korte haar en vroeg zich af hoe ze ongezien de parkeerplaats zouden kunnen bereiken waar zijn auto stond. Misschien was er een andere uitgang, of desnoods een laag hek waar ze overheen konden klimmen. 'Weet jij of er behalve de hoofdpoort nog een uitgang is?'

'Ik denk het niet, maar ik weet het niet zeker. Een groot deel van het landgoed is voor ons niet toegankelijk.'

Marsman dacht na en haalde zijn mobiele telefoon uit zijn zak. Hij zette hem aan en vloekte zachtjes.

'Wat is er?' fluisterde Hella.

'Bijna leeg. Ik heb vanmorgen een mobiel opgeladen, maar kennelijk de verkeerde. Die ligt nu in een kluisje bij de receptie, ik moest mijn toestel afgeven. Over mijn tweede hebben we het niet gehad.'

'Wie wil je bellen?'

'Ik heb vandaag Berry ontmoet. Aardige vent trouwens. Ik neem aan dat hij wel raad weet. Hij kent het terrein. Heb je zijn 06-nummer?'

'Eh... iets met 201... nee, ik weet het niet uit mijn hoofd.'

Het kaartje! Berry had hem zijn kaartje gegeven! Marsman haalde het uit zijn achterzak en toetste het nummer in. Zijn toestel kon het nu elk moment begeven.

Neem alsjeblieft op!

'Berry van Zanten.'

'Dag Berry, Pierre Marsman hier. Ik heb niet veel tijd.' Pierre legde hem kort de situatie uit.

'Wat een rotverhaal. Dus je hebt haar daar weggehaald?'

'Ja. En we willen dit terrein zo snel mogelijk verlaten, en ongezien graag. Weet jij wat we het beste kunnen doen?'

Het was even stil.

'Ja. Waar zitten jullie?'

Marsman legde het uit.

'Blijf daar en hou je gedekt. Ik kom naar jullie toe. Tot...' De telefoon gaf het op.

'Probeer maar een beetje te rusten, we hebben de tijd. Berry komt ons helpen.'

'Berry... goed idee van je.'

'Dank je.' Marsman deed zijn jasje uit, vouwde het op en legde het op de grond. 'Ga maar even liggen. Ik wek je wel als het zover is.'

Ze legde haar hoofd op het jasje en deed haar ogen dicht. 'Met een kop koffie, graag. En cake.'

'Uiteraard.'

60

Klaus zat in de controlekamer en keek naar de beelden van het Zweethuis.

Er klopte iets niet.

De jonge vrouw was niet te zien. Ze was voortdurend in beeld geweest, maar ze leek nu verdwenen. Het kon natuurlijk zijn dat ze ergens in een dode hoek lag of zat. Bovendien waren de beelden onduidelijk, nu het donker was. Veel licht brandde er daar niet.

Maar er was nog iets.

Henri lag te slapen, althans, daar leek het op. Vaag was te zien dat hij op zijn zij lag, met iets onder zijn hoofd. Je geeft een training en gaat liggen slapen? Dat is vreemd, vond Klaus. Alhoewel, het was laat en beiden zouden moe zijn. Misschien had Henri een pauze ingelast.

De klootzak.

De verrader.

Het was afgelopen met hem. Met Voronin, Werner en Andries zou hij hem oppikken en volgens het handboek berechten. Er kon maar één vonnis zijn.

Klaus staarde naar de mobiel in zijn hand. Wanneer belde Kahn nou eindelijk eens? Hij hield nooit lange verhalen voor cursisten, dat liet hij aan de anderen over.

Gesodemieter, allemaal gesodemieter.

Zijn mobiel piepte en hij drukte gretig op de OK-toets. 'Kahn?

O, ben jij het. Nee, ik verwachtte een telefoontje van Kahn. Vertel op en hou het kort.'

Hij luisterde en keek ondertussen naar de beelden van het Zweethuis. Henri sliep nog steeds, verder was er niets bijzonders te zien.

Langzaam veranderde de kleur van Klaus' hals. Het lichtbruin werd roestbruin, daarna rood.

Nadat hij het gesprek had beëindigd, stond hij op.

Verdomme!

Verdomme!

61

Pierre Marsman keek naar Hella's korte haar, dat het maanlicht absorbeerde. Het stond haar eerlijk gezegd niet slecht. Er hadden zich een paar grassprietjes boven haar linkeroor verstopt, als verdwaalde haren van een ander kapsel, en hij moest zich bedwingen ze te verwijderen. Ze leek diep in slaap.

Zijn verontwaardiging was er nog, maar overheerste niet meer. Hij was vooral opgelucht. Hij had Hella kunnen helpen en het leek erop dat ze zich snel herstelde. Over een uur waren ze thuis en zou ze de rust krijgen waar ze zo aan toe was.

Tom van Manen had gelijk gehad met zijn verhalen. Marsman herinnerde zich zijn scepsis over de anekdotes van de gefrustreerde en getroebleerde blogger. Van die kritische opstelling was niets over. Sygma was niet zomaar een dubieuze organisatie die geld verdiende met intimidatiepraktijken, zoals hij aanvankelijk had gedacht. Op dit landgoed werd geestelijke terreur uitgeoefend. Het ging hier om pure mishandeling, bedacht hij. Een misdrijf, zonder twijfel.

Het kleine klootzakje Henri, charmeur en gladprater, die zwakke broeders inpakte en fileerde met zijn nazibehandeling. Marsman vroeg zich af hoe het met hem was. Hij had hem hard geraakt, achter de klap had geen berekening gezeten, maar ergernis, woede, haat. In zo'n gemoedstoestand doseer je niet.

Het kon hem niets schelen.

Hella snurkte een beetje. Nooit had hij zich vertederd gevoeld, nooit had hij geglimlacht als een vrouw naast hem snurkte. Hij realiseerde zich de betekenis van zijn reactie en haalde diep adem. Hij keek naar Hella's oor. Een mooie schelp, concludeerde hij. Hij kreeg de aandrang even te ruiken, maar deed het niet. Ruiken aan een oor, dat was natuurlijk ook volslagen belachelijk.

Bewegend licht, iets verderop. Het kwam dichterbij.

Een zaklantaarn maaide rond. Voetstappen.

Marsman maakte zich klein en volgde de bewegingen van het licht. Veel meer dan tien meter kon de afstand niet zijn. Voetstappen, luider nu.

Een man dook op vanachter een dichte struik.

'Ik ben het,' zei Berry. 'Hoe is het met Hella?'

'Ze slaapt.'

'We maken haar wakker en dan gaan we. Kan ze lopen?'

'Nauwelijks, we zullen haar moeten helpen. Weet je een geschikte route? Kunnen we hier ongezien wegkomen?'

'Kom maar achter me aan. Ik zal jullie bijschijnen.'

Hella had geen zin om wakker te worden. Traag kwam ze overeind toen Pierre haar hielp. 'Berry? Ben jij dat, Berry?' Het was alsof ze door hem heen keek.

'Ik ben het, ik ben bij je. Hoe is het met je, liverd? Henri heeft je behoorlijk te pakken gehad, zo te zien.'

'Mijn benen zijn van rubber. En spieren heb ik ook niet meer.'

Marsman pakte haar hand. 'Sla een arm om me heen. We doen het rustig aan.'

Berry keek hen bezorgd aan. 'Natuurlijk.'

Ze volgden een pad iets westelijker dan de jungleroute die Marsman eerder had afgelegd. Berry liep voorop. Van tijd tot tijd scheen hij met de lantaarn naar achteren. Ze vorderden langzaam. Het paadje was smal en slecht onderhouden. Takken en twijgen reikten naar de andere kant van het pad, alsof ze hun overburen wilden omhelzen. Het zou niet lang duren of het weggetje zou overwoekerd zijn.

Pierre ondersteunde Hella met een arm om haar middel, maar lopen ging haar slecht af. Ze werd half gedragen en de loopbewegingen die haar benen maakten, waren eerder symbolisch dan functioneel. Af en toe struikelden ze vanwege onverhoedse kuilen of afgebroken takken op het pad. Twee keer moest Berry inhouden en hen bijschijnen terwijl ze moeizaam overeind kwamen na een val.

'Berry?' Marsman hijgde. Hij merkte dat de kracht in zijn rechterarm snel afnam.

'Ja?'

'We lopen volgens mij naar het noorden. Nog even en we komen bij de hoofdgebouwen, of niet? Slaan we hier ergens af?'

'Volg me maar, ik ken het terrein. Gaat het nog?'

'Moeizaam. Kun je niet beter de lantaarn uitdoen? We zijn op een kilometer afstand te zien.'

'Straks, als we op een breder pad komen. We hebben in deze doolhof geen schijn van kans zonder licht.'

Zwijgend strompelden ze een paar minuten door. Hella deed wanhopige pogingen haar motoriek op orde te krijgen en iets van haar evenwicht terug te vinden. Dat lukte gaandeweg en ze merkte dat ook de spieren in haar benen een voorzichtige rentree maakten.

'Je hoeft me niet meer op je rug te nemen, Pierre, het gaat wel weer, geloof ik.'

Maar dat viel tegen. Toen ze zich had losgemaakt van Marsman en drie wankele stappen had gezet, zakte ze door haar knieën.

'Ik geloof dat ik toch nog een arm nodig heb.'

Het pad werd breder en maakte een scherpe bocht naar rechts. Het zicht was nu beter en ze vorderden aanzienlijk sneller. Berry had de lantaarn uitgedaan. Na een paar honderd meter bereikten ze een kruising en bleef Berry staan.

'Waarom stop je?'

Berry draaide zich om. 'We zijn er.'

'Wat bedoel je?'

Van dichtbij flitsten drie zaklantaarns aan. Pierre draaide intuïtief zijn gezicht weg. 'Wat is dit, verdomme?'

'Sorry,' zei Berry zachtjes.

62

Natuurlijk had hij getwijfeld na het telefoontje van Marsman. Maar twijfel was niet het eerste dat hij voelde.

Binnen een paar seconden was hij in een bodemloze afgrond geduwd. Er was niets waar hij zich aan kon vastgrijpen, hij werd nergens gestuit, zijn val ging maar door en hij viel dieper dan hij ooit was gevallen.

Niets wat Sygma hem had geleerd stelde hem in staat ook maar enigszins af te remmen, zijn voorzichtig opgebouwde identiteit en zelfgevoel verwaaiden in een enkele stormvlaag, zijn liefde voor Hella werd door demonen weggelachen.

Berry werd gewichtsloos, stikte bijkans in een vacuüm en kwam uiteindelijk terecht in een desolaat winterlandschap, als een verdwaalde peuter, godverlaten en vergeten.

Er was geen uitweg.

Geen hulp.

Geen vangnet.

Geen antwoord.

Hij was alleen en niets kon hem redden uit het verschrikkelijke dilemma dat hem was voorgezet. Een dilemma dat pulkte en wroette en vrat aan zijn fundamenten, aan de zin van het leven zelfs.

Hij was wanhopig en wist dat hij een afschuwelijke keuze moest maken. Wat hij ook deed, hij zou verraad plegen tegenover wat hem lief was, en uiteindelijk tegenover zichzelf.

Een onmogelijke beslissing.

Hella, zijn grote liefde. Natuurlijk, hij had eerder liefdes gekend die hij indertijd groot had genoemd, hij wist niet beter. Hij wilde niet meer zoeken, en dat hoefde ook niet meer. Hij was thuis.

En dan Sygma. De organisatie had hem als een warme, gastvrije familie in haar midden opgenomen, ondanks het feit dat hij nog voortdurend fouten maakte. Alles werd hem vergeven en hij was in korte tijd overtuigd geraakt van de immense waarde van het gedachtegoed, ook al begreep hij niet altijd precies hoe hij de benadering van de staf moest duiden. Dat had tijd nodig, wist hij. Laatst was hij geprezen om zijn loyaliteit aan de organisatie, en dat had hem enorme voldoening geschonken. Ook bij Sygma was hij thuisgekomen.

Het voelde alsof hij moest kiezen tussen zijn ouders.

Het kon niet, het mocht niet.

En toen, eerst aarzelend en nog zonder vorm, ontstond de notie dat hij het misschien allemaal verkeerd zag, dat hij een enorme denkfout maakte, dat hij een dilemma had gecreëerd dat er niet was. Iets later brak het zicht door op het grotere geheel, het perspectief dat zich zo-even nog aan zijn benauwde en verkrampte blik had onttrokken, en veranderden het barre klimaat en de desolate omgeving waarin hij verkeerde in een niet onaantrekkelijk landschap met een aanvaardbare temperatuur.

Er was geen dilemma.

De opluchting was immens.

Hella ging voor, daar kon geen twijfel over zijn. En hij realiseerde zich dat hij meer van haar hield dan hij eerder had beseft.

Hij moest haar bijstaan, helpen, steunen, juist op momenten dat ze het moeilijk had, op wilde geven, wilde vluchten. Hij zou verraad plegen aan zijn liefde als hij haar nu zou laten vallen. Berry wist dat hij de plicht had haar bij de hand te nemen en te koesteren. Ze rekende op hem en het was ondenkbaar dat hij haar in de steek zou laten. Het verhaal van Marsman was onheilspellend genoeg. Hella had het kennelijk zwaar, was in verwarring en moe.

Het lag niet in zijn aard voor een ander beslissingen te nemen, maar gezien de toestand van Hella mocht hij niet voor zijn verantwoordelijkheid als partner weglopen.

Diep weggeborgen was er een voorzichtige trots dat hij het besluit had genomen, dat hij in zekere zin de leiding nam. Toch kriebelde er een aarzeling. Hella kon de situatie nu niet goed overzien en er was een goede kans dat ze zou willen afhaken. Hoe groot die kans was, kon hij niet inschatten. De aanwezigheid van Marsman zou het er niet eenvoudiger op maken. Pierre was nog maar kort betrokken bij Sygma, en van een zorgvuldige beoordeling van de aanpak van de organisatie kon daarom nog geen sprake zijn. Berry nam zich voor zich goed voor te bereiden op de confrontatie en Hella vooral met compassie en begrip tegemoet te treden. Dat verdiende ze. Daarom had hij ervan afgezien de onderschepping alleen aan anderen over te laten. Als hij erbij was, kon hij invloed op het verdere verloop uitoefenen, Hella steunen, bij haar zijn. Hij wilde zijn verantwoordelijkheid nemen.

63

Pierres ogen begonnen te wennen aan het licht en hij zag dat er vier mannen op het pad stonden. In het midden een grote vent met kort haar.

'Rooyakkers en Barend, wij zijn van de beveiliging van Sygma. Jullie zijn bij dezen aangehouden, ik hoef jullie niet te vertellen waarom. Goed werk, Berry. Je loyaliteit aan Sygma zal worden beloond.'

Marsman was verbijsterd. 'Heb jij…?'

Berry stak zijn handen op en lachte verlegen. 'Sorry, ik heb het er vreselijk moeilijk mee gehad, maar dit was echt het enige wat ik kon doen. Juist voor jou, Hella! Ik had je met alle liefde hier weg kunnen halen, maar dan had ik de makkelijkste weg genomen, ik had dan voor mezelf gekozen. Ik kies voor jou. En een training zomaar op eigen houtje afbreken lost niets op, lieverd, dat moet je begrijpen. Je kunt altijd achteraf het gesprek aangaan, dat is de juiste weg.'

Marsman stak zijn arm op. 'Maar dat is waanzin! Weet je wel wat ze Hella hebben aangedaan? Kijk dan naar haar! Dat is godbetert je vriendin.'

'Ik weet het. Hella, lieve schat, ik ben me ook rot geschrokken! Het lijkt erop dat Henri inderdaad te ver is gegaan. Ik zal Kahn erover aanspreken, geloof me. Maar het is ook belangrijk om het proces niet te onderbreken, begrijp je, als je de flow…'

'Nee, dat begrijp ik niet!' Pierre had zijn stem nauwelijks onder controle. 'Je verraadt je vriendin niet. Zeker niet tegenover een stelletje zwendelaars en zakkenvullers.'

'Hoe kun je dat nou zeggen? Sygma vervult een heel belangrijke maatsch...'

'Sodemieter toch op! Kom Hella, tijd om op huis aan te gaan.' Marsman sloeg een hand om haar middel en deed moeizaam een paar stappen.

De grote man ging voor hem staan. 'Jullie kunnen rustig meelopen en anders helpen we jullie wel.'

Pierre keek Hella aan. 'Hoe is het met je?'

Ze wist het niet goed. Haar hersens waren een dag lang geklutst, tot logisch denken was ze toch al nauwelijks in staat. En nu had ze een dreun gekregen, waarvan ze de draagwijdte niet kon overzien. Ze wist wel dat er iets onherstelbaar vernield was, een bijna lichamelijke ervaring, alsof een chirurg zonder verdoving iets had weggesneden. Ze kon niet benoemen wat ze voelde. Pijn was een veel te nietszeggende beschrijving.

'Ik dacht even dat het beter ging,' fluisterde ze.

Hij zag dat ze tranen in haar ogen had. 'Berry?'

Ze knikte. 'Verdomme, verdomme, ik begrijp het niet.'

'Lieverd, waar heb je het nou over?' Berry had een stap naar voren gedaan. 'We gaan dit oplossen, gewoon op een volwassen manier. Luister nou, ik hou van je, Hella! Ik kies juist voor jou! Als je hiermee stopt, dan stop je met jezelf. En ik gun je jezelf, met heel mijn hart.'

Marsman duwde hem opzij. 'Ga je mond spoelen, klootzak. Als je nog bij Hella in de buurt probeert te komen, sla ik je kop eraf.'

'Gesprek beëindigd,' zei de lange man. 'Volg mij.'

Een van zijn mannen liep naast hem, de andere twee volgden Hella en Marsman. Berry was blijven staan.

'En waar gaat de reis naartoe?' vroeg Pierre.

'Wij hebben op dit terrein aanhoudingsbevoegdheid. Hier vlakbij is een gebouwtje met een detentieruimte, Sygma's gastvrijheid is befaamd. Jullie verblijven daar tot de staf heeft beslist wat er verder gaat gebeuren.'

Marsman overwoog de mogelijkheid om te vluchten. Hij was

snel en onder dekking van de duisternis leek een ontsnapping kansrijk. En dan? Een telefoon bemachtigen en de politie bellen? Of met zijn auto hulp zien te halen? Bijna onmiddellijk verwierp hij de gedachte. Hij zou Hella moeten achterlaten en dat was, gezien haar deplorabele toestand, ondenkbaar. Uitgeperst in die blokhut en nu het verraad van haar vriend. Ze had hem nodig.

'Ik ben jurist,' blufte hij. 'Jullie kunnen ons niet vasthouden. Hier komt gedonder van, en Sygma zit vast niet op negatieve publiciteit te wachten. U kunt ons beter naar het parkeerterrein begeleiden, dan loopt het misschien met een sisser af.'

Klaus haalde zijn schouders op. 'Als u al jurist bent, dan geen beste. Dit is privéterrein, meneer. Als er iemand in overtreding is, dan bent u het. Zo, we zijn er.'

Ze stonden voor een rond gebouw, ongeveer acht meter in doorsnede. De muren liepen conisch omhoog. Pierre vermoedde dat het een oude molen was, verbouwd en ontdaan van de wieken.

Klaus opende de deur met een opvallend moderne sleutel en liet een van zijn handlangers voorgaan. 'Loop maar achter Charly aan. We gaan naar boven.'

Even later sloot het luik. Twee keer werd een sleutel omgedraaid. Ze waren alleen.

Op de tweede verdieping.

64

Kahn was strontchagrijnig.

Hij had een groep kennismakers toegesproken en een paar beproefde grappen gemaakt, maar er was nauwelijks gelachen. Sterker nog, er zat een nitwit tussen die demonstratief 'ha ha' had gezegd. Een kutgroep.

Een kwartier geleden had hij Henri ge-sms't om te vragen naar de voortgang van het experiment, maar de zak weigerde te antwoorden. Henri was kennelijk onvoldoende doordrongen van het belang van het project. Hij zou hem er ernstig over onderhouden. Succes van Sygma was in deze fase van vitaal belang en hij kon niet toestaan dat Henri volledig zijn eigen gang ging. Een goede controle en begeleiding waren essentieel.

En Klaus was ook al niet bereikbaar. Van Marianne, het secretaressewicht, had hij begrepen dat hij met een paar mannen het terrein op was gegaan. Waar was hij in godsnaam mee bezig? Oefenen? 's Avonds laat? Waren daar afspraken over gemaakt? Welnee. Ook Klaus verdiende een ernstig gesprek. Was bezig zijn eigen koninkrijkje te stichten. Achterbaksheid en eigengereidheid moesten met wortel en tak worden uitgeroeid.

Kahn stond op, liep naar de hoek van de kamer en schonk een whisky in. Hij haalde diep adem.

Een harde klop op de deur.

'Ja.'

Klaus kwam binnen.

'Wat was jij aan het doen, idioot? Waar was je? Jij hoort bereikbaar te zijn!' Kahn tikte met zijn wijsvinger op Klaus' borst.

'Noodsituatie, Kahn. Een indringer die kandidaat Rooyakkers uit het Zweethuis heeft gehaald. We hebben hen naar de molen gebracht.'

'Jezus!'

'De zaak is onder controle, maar er is iets ernstigers aan de hand.'

Kahn nam een slok en keek het Hoofd Beveiliging aan. 'Iets ernstigers.'

'Ja. Henri is volledig doorgeslagen. Hij heeft methoden gebruikt die Austin verboden heeft. Hij heeft die vrouw volledig de vernieling in geholpen.'

'Hm. En waar is hij nu? Hij reageert niet op mijn berichten.'

'Henri is neergeslagen, die is nog ergens bij de hut. Voronin en Jager zijn onderweg om hem te zoeken. Maar daar gaat het nu niet om.'

'Het experiment is dus afgebroken, verdomme!'

'Kahn! Hoor je wat ik zeg! Henri heeft alle regels overtreden. Hij heeft schijt aan Austin! Ik heb het allemaal vastgelegd. Ik heb de bewijzen!'

Kahn had zich naar het raam gewend en staarde naar buiten. 'Ja ja, ik hoor je wel. Als ik je goed begrijp, is het project onderbroken door een of andere idioot. We zullen gepaste maatregelen nemen, we kunnen op dit terrein geen geweld toestaan.'

'Verdomme, Kahn, het is crisis! Het gaat nu om Henri. Hij pleegde verraad! Hij moet tegengehouden worden! En berecht.'

'Hou nou eens even op met je gezeur, Klaus. Zoek Henri en zeg hem dat het experiment zo snel mogelijk wordt hervat. Ik zal hem wel vragen zich een beetje in te houden. Het project gaat nu even voor.'

'Hoe kun je dat nou... Jezus, bekijk het ook maar!' Klaus liep met grote stappen naar de deur en knalde die even later achter zich dicht.

Kahn dronk in twee slokken zijn glas leeg en toetste het nummer van Henri in.

De zak nam weer niet op.

65

Een ronde kale ruimte, muren van baksteen, een houten vloer, in een hoek hing een peertje. Het gaf verblindend wit licht, dat merkwaardig genoeg niet ver reikte. Kan ook aan mijn ogen liggen, dacht Marsman, ze moeten wennen.
Meubels ontbraken, de ruimte was leeg, afgezien van een Sygma-affiche aan de wand.
Hella zat met haar rug tegen de muur, Marsman op zijn knieën voor haar.
'Hoe gaat het?'
Ze keek hem aan met een vage glimlach. 'Kut.'
'Valt me mee, ik dacht dat het erger was.' Hij streelde even haar wang. 'Ik ga je redden, Jane.'
'Een beetje snel graag, Tarzan,' fluisterde ze. 'Ik heb honger.'
Marsman lachte kort. 'Goed teken. Houen zo.'
'Lul.'
'Dat is juist.' Hij stond op. 'Niet weggaan.'
Een eerste inspectie van de ruimte stemde Marsman niet vrolijk. Er waren twee mogelijke uitgangen, een klein raam en het luik. Geen systeemplafond of luchtroosters die ze in films gebruiken om weg te komen. Het luik was massief en zat uiteraard op slot. Het was zo'n hardhouten geval waar je misschien na twintig jaar krabben met een gejatte vork doorheen zou komen, maar zoveel tijd hadden ze niet. Het raam bleef dus over.

Pierre keek naar buiten, maar veel kon hij niet onderscheiden. Hij schatte dat ze zich een meter of negen boven het maaiveld bevonden, springen zou zelfmoord zijn. Voor zover hij kon zien liep er geen regenpijp in de buurt van het raam en was er geen boomtak waarnaar hij – conform zijn filmrol – kon duiken. En natuurlijk waren er geen gordijnen of lakens om aan elkaar te knopen.

Pierre liep langzaam rondjes door de ruimte, keek naar de muren, het plafond en het raam. Lopen, kijken, lopen, kijken. Na een kwartier wist hij het.

De lamp.

Het peertje hing aan een snoer dat om een haakje in het plafond was geknoopt. Vanaf die plek ging de draad verder, met een boog naar een haak schuin aan de overkant. Daar daalde het snoer tot op twintig centimeter van de vloer, waar de stekker in een stopcontact zat. Pierre schatte de lengte van de draad. Een meter vanaf de lamp, dan ongeveer drie meter langs het plafond en ruim twee meter naar beneden, plus het boogje. Al met al zo'n zesenhalve meter. Het kon genoeg zijn, als hij het snoer dicht bij het raam ergens aan vast zou kunnen maken. Maar er was niets dat daarvoor geschikt leek, geen uitsteeksel, geen balk, geen haak, niets.

Pierre begon al te wanhopen toen hij de spleet in het oude kozijn opmerkte, een paar centimeter breed. Toen was het duidelijk. De draad moest door de gleuf naar buiten, en vastgemaakt worden aan een of ander voorwerp, iets stevigs, waardoor het snoer zou blijven steken als je eraan trok. Pierre besefte onmiddellijk dat hij na hun ontsnapping op één schoen verder zou moeten.

Hij liep naar Hella en hurkte. 'We gaan zo.'

'Het wordt tijd,' fluisterde ze. 'Ik heb het hier wel gezien.' Dat was opmerkelijk, want ze had haar ogen dicht.

Marsman trok de stekker uit het stopcontact en rukte het snoer met haakjes en al los. Daarna liep hij naar het raam. Dat kon alleen op een ongebruikelijke manier worden geopend, zag hij. Met een harde trap, bijvoorbeeld.

Hij ging naast Hella zitten en deed niet alleen zijn schoenen, maar ook zijn sokken uit. Hij had bedacht dat je met blote handen niet met 150 kilo langs een snoer kunt afdalen. De pezen van je vingers zouden protesteren en dienst weigeren. Hij had handschoenen nodig.

Het duurde even voor Pierre de beroemde 'brandweergreep' had herontdekt. Ooit had hij die geleerd op een zeilkamp. Het was zaak een slachtoffer in een soort stabiele zijligging over je schouder te hangen, zodat je uit de voeten kon en ten minste één hand vrij had. Nu was Hella wel een slachtoffer, maar een slachtoffer dat goed meewerkte. Zo had hij beide handen vrij. Het gesjor en gezoek naar de juiste positie werkte bijna op zijn lachspieren en ook Hella leek bevangen door ongepaste hilariteit. Ze slaakte een paar kreten waar geen enkele wanhoop in doorklonk.

Marsman voelde Hella's lichaam tegen het zijne en raakte er even door van slag. Hij moest zich concentreren op zijn taak, maar werd afgeleid. Hij had haar borsten gevoeld. Tegen zijn rug, maar niettemin.

Schiet op!

Moeizaam lieten ze zich zakken, hand voor hand. Pierre sloeg telkens de draad om zijn hand, bang dat zijn sok zou uitglijden. Het snoer vrat zich in zijn huid en alles schreeuwde dat hij los moest laten.

De draad was te kort.

Pierre keek omlaag en zag dat er nog zeker drie meter te gaan was. Meer dan twintig centimeter snoer had hij niet over.

'Hou je vast, we maken een sprongetje.' Hij liet los en kwam op zijn rechtervoet terecht.

Zijn enkel had nooit klachten gegeven, maar was niet bestand tegen de landing van meer dan één persoon.

Het was inmiddels nacht, maar Kahn had geen enkele aanvechting om naar bed te gaan. Wel de neiging de whiskyfles leeg te schenken en een nieuwe open te maken. Hij beheerste zich, er stond te veel op het spel. Het leek verdomme of alles samenwerkte om de zaak te verstieren.

Er werd geklopt en even later stond Charly Voronin in de deuropening.

'Ja?'

'Slecht nieuws. Henri is dood.'

'Wat!' Kahn liep met grote stappen naar Voronin toe.

'Doodgeslagen, volgens mij. Vermoord. Ik neem aan door de vent die we opgesloten hebben.'

'Verdomme! Daar gaat mijn experiment!'

'Sorry?'

'Laat maar. Ruim hem op. Nee, niet op het terrein. Henri is vertrokken met onbekende bestemming.'

Voronin knikte. 'In orde, Kahn.'

'En haal Klaus op. We hebben een sanctie te bespreken, en de uitvoering ervan. Hou je gereed voor het zware werk, Charly, het wordt een vol weekend. En denk erom: alles vindt plaats onder maximale dekking. Niets van wat er is gebeurd, mag naar buiten komen. We willen andere kandidaten niet belasten met onze problemen. En ga nu Klaus roepen.'

'Die is er niet. Sandy in de controlekamer heeft geen idee waar hij zit. Hij neemt zijn telefoon ook niet op.'

'Shit! Ook dat nog.'

'Kan ik gaan?'

'Ja. Blijf bereikbaar en hou me op de hoogte.'

Kahn maakte een nieuwe fles open en schonk in. Twee glazen later stegen twee emoties naar zijn hoofd die een onverdraaglijk mengsel vormden.

Angst en razernij.

Kahn wist dat de touwtjes die hij nog in handen had, verweekten als dropveters in de zon.

66

Marsman realiseerde zich dat het niet goed zat. Hij vroeg zich af of hij zijn enkel had gebroken of dat er een pees of spier was gescheurd. Het was de voet zonder schoen.

Hij zat op de grond in het gras en keek naar zijn enkel, die al opgezet was. Er moet ijs op, schoot het door hem heen. Ja, en de dokter moest ook maar even langskomen.

Hella zat naast hem en keek hem bezorgd aan. 'Pijn? Stomme vraag.'

'We moeten hier weg.'

'Kun je lopen?'

'Hinkelen, kruipen, ik weet het niet.'

Ze ritste haar overall open.

'Wat ga jij nou doen?'

'Ik scheur mijn T-shirt aan repen en maak er een zwachtel van. Het scheelt allicht iets.'

Drie minuten later had ze Marsmans voet stevig verbonden. 'Probeer eens te lopen?'

Pierre kwam overeind, zette een stap en hield het onmiddellijk voor gezien. Het leek of zijn enkel werd afgezaagd. 'Je moet me ondersteunen, ben ik bang.'

'Eindelijk, nou mag ík een keer.'

'Ben je een beetje bijgetrokken?' vroeg Pierre.

'Mijn hoofd doet het weer. Van de rest weet ik het nog niet. We houden elkaar vast.'

Pierre glimlachte. 'Dat lijkt me een mooi motto voor de komende tijd.'
Ze lachte terug en raakte even zijn wang aan.

Marsman had een vage notie waar ze zich bevonden. Een uur geleden waren ze naar het noorden gelopen, westelijk van het pad naar het chalet. Dat betekende dat ze ongeveer ter hoogte van de hoofdgebouwen moesten zijn. Ze zouden zich door het sparrenbos moeten werken, in dezelfde richting als zopas. Uiteindelijk zouden ze het hek bereiken en kunnen doorsteken naar de poort. Hoe ze die ongezien moesten passeren en of een van beiden zou kunnen autorijden, daar wilde hij nog niet over nadenken. Ze moesten hier weg, en wel zo snel mogelijk.

Ze liepen niet, ze strompelden, hun armen om elkaar heen geslagen. Marsman had een stok gevonden. Het hielp nauwelijks. Als hij hinkte, duwde hij onwillekeurig tegen Hella aan en zij had al moeite genoeg om overeind te blijven. Elke tien meter verloren ze hun evenwicht, elke twintig meter vielen ze om.

Het terrein werkte ook niet mee. Het bos was dicht en ze moesten zich langs lage takken worstelen. Eroverheen stappen lukte een enkele keer, als ze het gecoördineerd deden. Het was voornamelijk duwen, trekken, struikelen en schuifelen. Op schaarse momenten drong er wat maanlicht door, maar meestal was het zo donker dat ze meer op het gevoel dan op hun ogen moesten vertrouwen. Herhaaldelijk liepen ze blindelings met hun gezicht tegen een tak aan en bekraste droog hout hun huid. Ze vorderden, maar het was centimeter voor centimeter. Elke meter moest worden bevochten.

Marsman zweette. Niet van inspanning, maar van de pijn. Af en toe veegde hij met zijn mouw een spin van zijn natte voorhoofd. Hij vroeg zich af hoe lang hij dit zou volhouden. Hij keek opzij. Hella had het ook moeilijk, haar voorhoofd glinsterde even in het maanlicht. Ze hijgde.

Na een kwartier werd het terrein iets beter begaanbaar. De bomen stonden verder van elkaar af en ze konden nu zien waar zich obstakels bevonden. De hobbelige ondergrond, begroeid door struikgewas, ging over in kort gras, en werd verderop zanderig.

Vanuit de wildernis ontstond er een pad dat naar rechts boog. Ze volgden het tot het na een scherpe bocht uitkwam op de asfaltweg die naar de toegangspoort leidde.

Verder kwamen ze niet.

Het pad werd geblokkeerd door een groene jeep, waar drie mannen tegenaan leunden. Een van hen had een jachtgeweer in zijn hand.

Ze hadden de mannen eerder gezien. Niet lang geleden, na het verraad van Berry.

'Hier eindigt de wandeling,' zei de kleinste.

Marsman wist dat verzet zinloos was. 'We waren net toe aan wat rust, of niet, Hella?'

'Rust is wat jullie krijgen,' zei de langste lachend.

Hella stak een hand op. 'Pierre heeft zijn enkel gebroken. Hij moet onmiddellijk naar het ziekenhuis.'

'Jullie probleem is iets groter dan een pijnlijke enkel. Stap in.' De kleine wees naar de wagen. Zijn kompaan hield het achterportier open.

'Waar gaan we heen?' vroeg Hella.

De mannen zwegen.

Hella en Pierre worstelden zich naar binnen en kropen op de harde achterbank. Pierre sloeg een arm om Hella heen.

De lange man zat achter het stuur, de kleine op de bijrijdersstoel, met het geweer tussen zijn knieën. De derde man bleef achter. De auto keerde en reed in de richting van de hoofdgebouwen.

Marsman wilde juist iets tegen de bestuurder zeggen toen vanuit een tussenschot achter de voorstoelen een dikke glasplaat omhoogschoof. Na een paar seconden bereikte het glas het dak van de auto en was de ruimte waarin ze zich bevonden volledig afgesloten. Onmiddellijk erna klonk er een kort metaalachtig geluid in beide portieren.

'Voor het geval jullie fantasie op hol slaat,' klonk het uit een kleine luidspreker aan het plafond. 'Een rijdende cel, het nieuwste op het gebied van beveiliging. We zijn er erg content mee.'

De wagen stopte voor de villa en onder bewaking werden Hella en Pierre het gebouw binnengeleid. De trap naar de eerste verdieping was een martelgang. Ze werden geduwd, er werd aan hen getrokken en uiteindelijk bereikte Marsman kruipend de overloop. Hella was te zwak om hem overeind te houden.

Kahn stond uit het raam te kijken toen ze de kamer binnenkwamen. Voronin sloot de deur en trok zich terug in een hoek. Hij had het jachtgeweer over zijn schouder gehangen. Werner ging voor de deur staan.

Langzaam draaide Kahn zich om en keek eerst Hella en toen Marsman aan.

'Het is een ernstige fout om Sygma te tarten,' zei hij vermoeid. 'Er zijn een paar mensen die dat hebben gedaan. We hebben hen behandeld en niemand heeft nog last van ze gehad.' Hij stond nu pal voor hen.

'We willen niets tarten,' zei Hella. 'Wat een onzin. We willen gewoon naar huis. En wel onmiddellijk.'

'Mond houden!' Kahn werd rood in zijn hals. 'Honderden novieten vinden hier dankzij Sygma eindelijk de zin van hun leven en dat kan niet worden verstoord door afvalligen, door terroristen! Wie niet mét ons is, is…'

'Sorry, meneer Kahn,' onderbrak Marsman de leider. 'Dit is één groot misverstand. We zijn helemaal geen tegenstanders van de organisatie. Ons enige doel is rustig afscheid te nemen van het landgoed, in de auto te stappen en naar huis te gaan.'

Kahn leek hem niet te horen, maar Voronin kennelijk wel, want Marsman kreeg een venijnige klap in zijn nek, waardoor het leek of hij een buiginkje maakte. Hij was bang dat zijn knieën het begaven.

'Geen rotte appels! De oogst moet worden beschermd!' De stem van Kahn ging angstwekkend omhoog. 'Geen winnaars zonder verliezers! Geen licht zonder duisternis! Het is tijd, Charly!'

'Tijd voor het duister, Kahn.'

Het duurde even voor Kahn weer begon te praten, zachter nu. 'Het is verschrikkelijk dat we zo ver moeten gaan. Iedereen weet hoezeer de mens voor mij altijd centraal staat, hoe ik altijd alles geef om onze gasten in te wijden en te bevrijden. Er zijn hier zoveel mensen wakker geworden, herboren als het ware. Tegenover hen zijn we het verplicht onze verantwoordelijkheid te nemen. Daarom mogen we ook niet zwak zijn. Consequent en rechtvaardig.'

'Consequent en rechtvaardig, Kahn.' Ook Werner roerde zich.

'De hoogste sanctie, Charly. In de bijlage staan de locatie, de procedure en verdere details.'

'Ik weet het, Kahn.'

'Voor zonsopgang.' De leider draaide zich om en liep naar het raam.

'Meekomen,' zei Voronin. 'We gaan een ritje maken.'

Zover kwam het niet.

Met een enorme klap werd de deur opengetrapt.

67

Vrijwel onmiddellijk verscheen Klaus op de drempel, met een pistool in zijn rechtervuist. Hij stak zijn hand schuin omhoog en loste een schot. De kogel raakte een witglazen designplafonnière die voor de helft als gruis en scherven naar beneden kwam. Wat van de lamp resteerde kon nog steeds voor design doorgaan.

'Allemaal blijven staan met de handen in de lucht! Geen beweging!' brulde hij.

Werner, die een klap van de openvliegende deur had gekregen, deed een uitval. Hij was kansloos. Klaus liet eenvoudig zijn hand zakken, richtte en schoot. Verder dan twee stappen kwam Werner niet, en zelfs die tweede maakte hij niet af. De kogel kwam binnen tussen de linkertepel en het borstbeen, versplinterde een rib, veranderde daar iets van koers en vernielde een hartkamer. Botsplinters doorboorden Werners luchtpijp en linkerlong. Hij was klinisch dood voor hij de grond raakte.

'Rooyakkers, Barend, naar de gang en wacht daar op me! Vlug!'

Hella stapte walgend over Werner heen en dook de gang in. Pierre volgde haar, strompelend.

Klaus keek hen een moment na en daar maakte Kahn gebruik van. Hij liet zijn handen zakken en sprintte naar de terrasdeur. Het lukte hem die te openen, maar verder kwam hij niet. Het eerste schot ging dwars door zijn rechterschouder, waardoor hij een draai maakte alsof hij een stomp van achteren had gekregen. Een moment dreigde Kahn te vallen, maar hij bleef overeind. Hij greep naar zijn arm en draaide zich moeizaam om. Iets voorovergebogen keek hij Klaus aan, met ogen die een palet van emoties uitstraalden, eerst verbijstering, vervolgens haat en ten slotte angst, doodsangst.

'Klaus! Godverdomme, wat is dit! Je hebt me... je hebt...' Van zijn natuurlijke warme timbre en krachtige stem was weinig over. Hij klonk als een kind dat tijdens zijn eerste zwemles kopje-onder dreigt te gaan.

Het tweede schot trof hem iets onder zijn navel, een nare plek om geraakt te worden. De kogel vernielt een hoop weke delen in de onderbuik, zoals de darmen, die er voorheen keurig opgevouwen bij lagen. Als de inslag iets excentrisch is, dan worden ook flarden nier of lever als met een staafmixer met andere ingrediënten in de buikholte vermengd. Ten slotte zijn er de aderen. Talloze kleintjes, maar ook een paar uit de kluiten gewassen bloedvaten, die na vernieling goed zijn voor een paar liter bloedverlies per uur.

Kahn wist het, hij was een liefhebber van Amerikaanse ziekenhuisseries, waarin veelvuldig aandacht werd besteed aan schotwonden. Zo realiseerde hij zich dat je van een buikschot doodgaat als er niet snel chirurgische assistentie voorhanden is. Je bloedt dood, die lever en nier krijgen niet eens de tijd om te protesteren.

Na het schot was hij door zijn knieën gezakt. Een moment keek hij devoot naar het plafond, alsof hij zijn schepper in de ogen wilde kijken, toen rolde hij op zijn zij.

Met een hand op zijn buik gedrukt wist Kahn dat hij ging sterven.

Er zou geen chirurg zijn, geen verband, geen kompres, nog geen pleister.

En hij besefte dat een buikschot weliswaar dodelijk kan zijn, maar dat je nog een poos te gaan hebt voordat je hersenen het vanwege bloedverlies zullen opgeven. Ze weren zich tot het uiterste. Hersenen zijn buitengewoon koppig.

Gek genoeg deed de onschuldige schouderwond meer pijn dan de rommel in zijn buik. Hij lag op zijn zij, op zijn goede arm, en wist niet hoe hij moest gaan liggen om de pijn te verlichten. Even deed hij zijn ogen open. De hand die hij op zijn buik had gedrukt was smerig en werd steeds smeriger. Zijn hemd ook. Hoe hij ook drukte, aan alle kanten ontsnapte er bloed. Hij was lek.

Pas toen zag hij dat Klaus voor hem stond, met het pistool in zijn hand, groot, oneindig groot, heerser, beul.

Ik wil slapen, dacht Kahn. Ga weg, Klaus, laat me met rust. Laat me kijken naar bloemen, de bloemen van mijn moeder op de keukentafel, naar de asbak van papa in de schuur, de borstjes van mijn nichtje, een broodkorst met appelstroop, laat me met rust.

Dat was Klaus niet van plan.

Hij bukte en gaf met zijn pistool een duw tegen de gewonde schouder van Kahn, die een schorre kreet slaakte en op zijn rug rolde. Hij hield nu beide handen op de plek waar de tweede kogel zijn buik was binnengegaan.

'Zo, klootzak, hier eindigt de reis.' Klaus deed zijn best zijn stem onder controle te houden, maar dat viel hem niet mee. Het kolkte en raasde in zijn hoofd en het was of de aanblik van de stervende Kahn zijn haat alleen maar vergrootte. Hij rook letterlijk bloed.

'Je moet... alsjeblieft...' Kahn fluisterde, hij had geen kracht meer om een toon uit zijn stembanden te persen.

'Kop dicht, ik ben aan het woord.' Klaus haalde diep adem en knikte twee keer. Het was *payday*, en vandaag zou er betaald worden. Kahn ging boeten voor zijn verraad aan de elementaire beginselen van Sygma, zijn minachting voor het grote geheel waar zij allen deel van uitmaakten, zijn foute instelling en zijn door en door verrotte motieven. Klaus wist dat zijn persoonlijke gevoelens geen rol mochten spelen bij het bepalen en voltrekken van het vonnis, maar hij kon het niet laten te grijnzen naar de man die hem tot in het diepst van zijn ziel had gekrenkt en vernederd. 'Consequent en rechtvaardig, Kahn. Ik heb het mandaat van Austin om verraders een halt toe te roepen.'

'Klau...' Zelfs geen gefluister meer, hooguit een zucht.

'Nee, Kahn, het gaat niet om mij. Het is de organisatie, ik ben alleen het instrument. Sygma geeft en Sygma neemt, je kent het handboek. Dit is het moment om je definitief terug te trekken en ik zal je als tweede man natuurlijk assisteren.' Klaus pakte Kahns rechterhand, legde het pistool erin, zette het tegen Kahns slaap en drukte af. De andere slaap brak open en kotste een deel van zijn herseninhoud uit. Daarna draaide Klaus zich resoluut om en liep naar de deur. Hij passeerde Voronin, die nog altijd met zijn handen in de lucht stond.

'Opruimen!' riep Klaus. 'Je zult het even zonder mij moeten doen, Charly.'

Op de gang trof hij Pierre en Hella, die juist aanstalten maakten te verdwijnen zonder afscheid te nemen.

'Loop achter me aan! We nemen de brandtrap, we moeten hier ongezien wegkomen.'

Twee deuren, een gang en twintig treden later stonden ze buiten. Geschreeuw, rennende voetstappen.

'Vlug!' riep Klaus. 'Daar! De jeep.'

Hella hielp Pierre instappen en voor ze het achterportier gesloten hadden, trok de wagen op en raasden ze over de smalle weg naar de hoofdingang.

'Mijn auto staat op het parkeer…'

Klaus keek over zijn schouder. 'Kost te veel tijd. Bovendien kunnen jullie niet rijden. Ik ben vandaag de chauffeur.' Hij reed de poort door en sloeg linksaf, in de richting van de stad.

Hella zat tegen Pierre aan, wat in dubbele zin steun gaf. Ze was verbijsterd door het drama en probeerde haar ademhaling onder controle te krijgen. Pierres hand lag op haar knie. Pierre glimlachte even naar haar, maar het was geen ontspannen, zorgeloze glimlach. Het was alsof hij zwijgend een verhaal vertelde. Ze glimlachte een antwoord.

Klaus reed nu kalm en beheerst. Van tijd tot tijd keek hij in de spiegel en zag dat ze niet werden gevolgd.

'Jezus, Klaus, je hebt iemand neergeschoten,' zei Hella.

'Ik had geen keus, Werner viel me aan.'

'En wat ga je nou doen? Je kunt niet meer terug.'

'Gelukkig niet. Je moet nooit terug, altijd verder. Afrekenen en opnieuw beginnen, dat is de enige weg.'

'Dat je er zo tegenaan kijkt. Het was toch je thuis, begrijp ik.' Ze legde haar hand op die van Pierre en kneep even.

'Eerst maar langs de Hendriklaan, als je wilt,' zei Marsman.

'Daar woont Hella. En mij hoef je niet te brengen, ik ben van plan haar been nog een poosje vast te houden. We zijn blij met je hulp, Klaus.'

'Austin zal er ook tevreden mee zijn.'

'Austin?'

'Het hoofdkantoor. Er zijn strikte regels en ik ben bevoegd ze te handhaven.'

'Ga je er dan mee door, met Sygma?'

'Vanzelfsprekend, het is belangrijker dan ooit. Sygma is vandaag beschadigd, maar de organisatie is sterker dan haar elementen, zelfs verraad kan haar niet breken. De rommel zal worden opgeruimd.'

'Ik begrijp niet goed waarom je er niet mee stopt,' zei Pierre. 'Je moet toegeven dat er een enorme putlucht rond die club hangt.'

'De regels zijn verwaterd en de discipline is verkankerd. Maar dat is verleden tijd. Alles zal anders zijn, nu er een nieuwe leider is.'

'Een nieuwe leider?' vroeg Pierre. 'Dat is wel heel snel. Kennen we hem?'

'Ik,' zei Klaus.

Op dat moment zoefde het glazen scherm omhoog en klikten de portieren. Pierre probeerde de deur te openen, tegen beter weten in.

'Hé! Wat doe je nou!' Hij bonkte op de ruit, maar Klaus reageerde niet.

'Hou maar op,' zei Hella. 'Hij hoort ons niet.'

'Ik hoor jullie heel goed,' klonk het uit de luidspreker.

'Dan wil ik verdomme weten waar dit op slaat! Ben je bang dat we onderweg uitstappen? Waarom zouden we? We zijn van plan mee te rijden tot de Hendriklaan. Doe dat ding omlaag, Klaus, ik heb niets met een aquarium. En Hella ook niet.' Pierre keek haar even aan en haalde zijn schouders op.

'We gaan niet naar de Hendriklaan,' klonk het metaalachtig.

'Pardon?'

'Denk niet dat ik er plezier aan beleef, ik voel zelfs sympathie voor jullie. Het valt me zwaar mijn plicht te doen. Maar ik mag niet zwak zijn, zwak zijn is verliezen. Austin rekent op me.'

'Ben je gek geworden! Waar heb je het over?'

'Het is niet persoonlijk,' ratelde Klaus door. 'Sygma is niet wreed. Alleen streng. Niet gevoelloos, integendeel. Maar we houden ons nu wel aan de regels. Sygma gaat voor, wij zijn onbelangrijk. Jullie kunnen niet blijven, je moet het offer brengen. Dit alles mag niet naar buiten komen, Sygma mag niet nog meer in opspraak komen. Martelaren, zie het maar zo. Geofferd voor een hoger doel.'

Hella keek naar Pierre. Hij leek bezorgd, maar niet in paniek. 'Denk je dat hij bedoelt wat ik denk dat hij bedoelt?' fluisterde ze.

'Ik ben bang van wel,' zei Pierre. *Tijd winnen! We moeten tijd winnen! Blijven praten!* 'Waar rij je ons heen, Klaus?'

'Water, diep water. De jeep zal nooit gevonden worden.'

Shit!

'Hoe ver is het rijden? Hoeveel tijd hebben we nog?'

'Een minuut of twintig, het is zo gebeurd. Ik kan je aanraden nog even van elkaar te genieten.'

Twintig minuten! We hebben een plan nodig! En snel ook!

Nog een kwartier.

'Je kunt ons niet laten verdwijnen, Klaus. Alle sporen leiden naar Sygma,' zei Hella.

'Die sporen worden gewist. Bovendien komt het regelmatig voor dat een verliefd stel ervandoor gaat.'

Klaus was voor ze de stad bereikten rechts afgeslagen en had een binnenweg genomen die naar het noorden ging.

Een kanaal? Een meer? Welk meer?

'Waar gaan we heen, Klaus? We hebben er recht op dat te weten.' Pierre probeerde een neutrale toon te vinden.

Het bleef even stil.

'Een oude zandwinning. Nu een paradijselijk meertje van twintig meter diep.'

Tien minuten.

Pierre deed zijn ogen dicht en kneep zachtjes in Hella's dij. Ze aaide de rug van zijn hand.

Langzaam, veel te langzaam zat er er iets aan te komen. Vaag nog, het kwispelde ergens, ver weg in zijn hoofd. Hij haalde zijn mobiel uit zijn zak en keek ernaar. Het ding was morsdood, maar dat wist hij.

Vijf minuten.

Heel voorzichtig en traag, veel te traag, ontwikkelde een ruwe gedachte zich tot iets dat grofweg op een plan begon te lijken. Nog zonder details, maar het begin was er. Hij keek even opzij en knikte kort. Hella begreep hem.

Twee minuten.

Het was gewaagd, maar veel keuze was er niet. Hij zou op de toppen van zijn kunnen moeten acteren, en zelfs dan was de kans op succes gering. Maar als hij het niet probeerde, zouden ze over een paar minuten in een glazen kooi eindigen, die misschien nooit meer zou worden gevonden.

Klaus sloeg rechtsaf en reed een onverharde bosweg in. Het licht van de koplampen danste over de bomen. Na een paar honderd meter draaide de wagen een smal pad op en even later stopte hij. Totale duisternis toen de koplampen werden uitgezet.

De binnenverlichting ging aan.

'We zijn er,' zei de intercom. 'Maak je klaar.'

'Een ogenblik,' zei Pierre.

'Laat maar, het is zinloos. Er is geen uitweg, en dat weet je.'

'Je wilt niet dat de organisatie in opspraak komt, Klaus, zo is het toch?'

'Dat klopt. En nu je mond houden, we gaan de zaak afronden.'

'Ik heb vandaag met mijn mobiel foto's gemaakt, Klaus, foto's die erg belastend zijn voor Sygma.'

'Sorry, maar dat kan niet. Iedereen heeft zijn telefoon ingeleverd, jij ook. Jammer van het wanhoopsoffensiefje.'

'Ik had er twee. Kijk maar.' Pierre stak zijn gsm omhoog.

Klaus keek even over zijn schouder. 'Dat is mooi, dan ligt die straks ook veilig opgeborgen op de bodem. Heel attent van je.'

'Ik heb de foto's natuurlijk allang naar een e-mailadres gestuurd.'

Twintig seconden stilte.

Beet?
Klaus draaide zich om. 'Welk e-mailadres?'
'Je laat eerst Hella eruit.'
Klaus schudde zijn hoofd. 'Geen schijn van kans. Welk adres?'
'Zeg ik niet.'
'Het adres staat opgeslagen in je mobiel. Geef hier.'
Beet!
'Dat zal niet meevallen, zo,' zei Pierre. Hij voelde Hella's hand op zijn dij. Ze moedigde hem aan.

Binnensmonds gevloek. Klaus draaide zich weer naar het dashboard en drukte een knop in. Het glazen scherm ging dertig centimeter omlaag. Daarna stak hij zijn hand door de opening. 'Geef hier.'

'Pak hem maar.' Pierre zwaaide met de mobiel boven zijn hoofd, buiten het bereik van Klaus' graaiende hand.

'Verdomme! Klootzak!'

De tweede man van Sygma deed wat hij moest doen. Hij stak eerst zijn arm, toen zijn hoofd door de opening en klauwde naar de telefoon.

Dit was het moment.

Pierre dook naar voren, greep Klaus' hoofd en ging er met zijn rechterarm aan hangen, waardoor de hals op de glasrand werd gedrukt.

'Nu, Hella! De knop zit naast het stuur!'

Ze klom door de opening en verder, en moest vechten om voorbij de vrije arm van de master te komen, die haar op de tast probeerde tegen te houden. Pierre hield ondertussen het hoofd van Klaus vast, nu met beide armen. Pierre was sterk, maar lang niet zo sterk als de voormalige marinier. Zijn rechterhand vond een pluk van Pierres haar, dat zich onmiddellijk over gaf. Een moment verslapte hij, wat Klaus de kans bood zijn hoofd op te richten, ver genoeg om zijn tanden in Pierres arm te zetten. De schreeuw kwam uit de krochten van zijn lijf, maar hij wist dat hij niet los mocht laten. Hij moest knijpen, duwen, trekken, maar vooral vasthouden.

Hella, schiet op! Ik hou het niet meer!

De hand van Klaus klauwde verder en probeerde Pierres keel

dicht te knijpen. Pierre kon er weinig tegen doen, tenzij hij het hoofd zou loslaten. Maar dat zou het einde betekenen.

Hella! Snel!

Pierre voelde dat zijn greep langzaam verslapte, hij werd duizelig, het bliksemde in zijn hersens. Op het moment dat hij het moest opgeven, klonk er gezoem en kreeg hij zijn keel terug. Hij merkte dat hij met Klaus' nek mee naar boven schoof. De master probeerde het scherm nog met zijn handen tegen te houden en zijn hoofd terug te trekken, maar hij was kansloos. De opening was al te smal. De ruit kwam kreunend tot stilstand op vijf centimeter onder het dak.

Klaus kreunde ook, heel even. Er knakte iets. Zijn ogen bolden op tot bizarre grootte en bleven toen in dezelfde richting kijken.

Het glas zat vlak boven zijn adamsappel.

68

Hella lag achterover op de bank, witte wijn binnen handbereik, de gids *Castilië in het najaar* op haar buik. Ze deed haar ogen dicht. Die gids hoefde ze helemaal niet te lezen. De foto van La Mancha op het omslag prikkelde haar fantasie, en niet alleen dat. Er lagen herinneringen in La Mancha. Altijd als ze aan het voorval terugdacht, kreeg ze een aanval van giechelschaamte. Ze was op de rand van het zwembad van haar hotel verzeild geraakt in een ontspannen gesprek met een charmante Spanjaard, kort nadat ze een duik had genomen in haar kleine flodderbikini. Dat de duik haar bovenstukje had verschoven, ontdekte ze pas een kwartier later, toen de vriendelijke man van La Mancha haar complimenteerde met de volmaaktheid van haar tepel.

Hella deed haar ogen open, ging rechtop zitten en nam een slok wijn. Op Animal Planet begeleidde Rachmaninov de jacht van een luipaard op een jonge giraffe. Ze wilde de afloop niet weten, maar tromgeroffel deed het ergste vrezen.

Ze had nog een uur voor zichzelf. Tegen tienen zou Pierre aanschuiven.

'Zalm met mayonaise, lekker,' zei Marsman. 'Zelf gemaakt, die mayo?'

'Nee, en de zalm ook niet.' Ze was tegen hem aan gaan zitten.

Pierre sloeg een arm om haar heen en streelde haar rechterborst.

Dat had hij pas één keer eerder gedaan, in de Jaguar, na een borrelmarathon op het terras van Island in the Sun. Ze genoot.

'Heb je nog iets van Berry gehoord?'

Ze knikte. 'Hij is langs geweest om uit te leggen hoe het volgens hem in elkaar zat. Daarna begon hij te huilen. Zo triest. Toen hield ik het ook niet meer. Hij is echt in de Heer, ik kan niet meer fatsoenlijk met hem praten, hij is niet bereikbaar. Of ik ben niet bereikbaar, dat kan ook.'

'Rot.'

'Heel rot.' Ze probeerde de beelden te wissen door zich op een forse moot zalm te concentreren. 'Weet jij nog iets over de afwikkeling door justitie?'

'Er loopt een gerechtelijk onderzoek, dat wist je. Er zijn een paar aanhoudingen verricht en Sygma Nederland is opgeheven. Op de site van de organisatie wordt er natuurlijk niets over gezegd, dat was te verwachten.'

'Sygma punt com?'

'Sygmafoundation punt com. En volgende week mag ik weer ellenlange verklaringen afleggen op het hoofdbureau. Jij toch ook?'

'Ja, gezellig.'

'Hella?'

'Ja?'

'Ik heb... Ik zou willen... Zou je...'

'Dat is goed, er is nog zalm. Iets heel anders: ik heb ontzettend zin om je overhemd open te rukken, vind je dat gek?' Hella keek hem glimlachend aan.

'Het is op het randje, maar ik kan wel wat hebben.'

'Ben je erg gehecht aan die knoopjes?'

'Dat wel, maar soms moet je offers brengen.'

Hella draaide zich naar hem toe, begon bovenaan en rukte elf keer. Ze keek naar zijn borst en platte buik en probeerde haar ademhaling onder controle te houden. Dat lukte niet helemaal.

Pierre lachte kort. Zijn ogen deden mee. 'Je bloost.'

'Laten we het daarop houden,' zei ze. Binnen een paar seconden ontdeed ze Pierre van zijn overhemd.

'Nu zal ik jou even helpen.'
'Je bent een gentleman.'

'Kom op me liggen,' zei Hella.

Hij deed het, atletisch maar behoedzaam, zorgvuldig en liefdevol.

'Eerst zachtjes,' fluisterde ze.

Het duurde even. Pierre keek haar aan, ze zag zweetdruppeltjes op zijn voorhoofd. Hij kuste haar en legde een hand onder haar billen.

'Het mag,' zei ze.

'Hm.' Hij kneedde haar linkerbil en had zijn ogen dichtgedaan.

Een minuut later voelde Hella dat hij zijn hand verplaatste om zijn entree te begeleiden. Na een poosje ontspande zijn onderlichaam, keek hij haar onzeker aan en schudde zijn hoofd.

Ze zoende hem, lang, heftig, vochtig, alsof ze hem naar binnen wilde zuigen. Ze transpireerde nu ook.

'Ik...'

Hella streek door zijn haar. 'Geeft niet.' Voorzichtig kroop ze onder hem vandaan en draaide de rollen om. Toen ze rechtop zat, pakte ze zijn hand, legde die om een borst en verwende zichzelf. Ze had haar ogen dicht en bewoog haar bekken langzaam, met draaiende bewegingen.

'Hella, ik geloof...'

Ze gaf Pierre een korte kus en steeg af. 'Het geeft niet,' herhaalde ze. 'Ik maak nog een toastje zalm met mayo.' Ze sloeg het gehavende overhemd van Pierre om haar schouders en liep naar de keuken.

Een minuut later was ze terug. Ze had een tube mayonaise in haar ene hand, een fles witte wijn in de andere en een zalmfilet tussen haar tanden. 'Whhee he hou.'

'Sorry?'

Hella zette de fles neer en bevrijdde de zalm. 'Breek en Bouw.'

Ten slotte:

- Een deel van de informatie over de EST-methode (hoofdstuk 6) is ontleend aan Wikipedia.
- De thematiek van *Het experiment* en sommige wendingen zijn deels geïnspireerd en in enkele gevallen ten dele ontleend aan mijn jeugdboek *De kwetsplek* (Holkema & Warendorf, 2000). Met dank aan de betreffende uitgeverij en mezelf.
- Mijn dank gaat voorts uit naar de medewerkers van uitgeverij Anthos. Ze hebben op de nodige momenten mijn hand vastgehouden.